高职高专规划教材

◎矿业工程系列◎

煤矿电气设备使用与维护

主　编　方章英

副主编　刘法允　张　立

编　者　殷红松　刘西林　耿　垒
张晓东　袁　劲

北京师范大学出版集团
BEIJING NORMAL UNIVERSITY PUBLISHING GROUP
安　徽　大　学　出　版　社

图书在版编目(CIP)数据

煤矿电气设备使用与维护/方章英主编.—合肥:安徽大学出版社,2013.8(2023.2 重印)
高职高专规划教材.矿业工程系列
ISBN 978-7-5664-0482-4

Ⅰ.①煤… Ⅱ.①方… Ⅲ.①煤矿—矿用电气设备—使用方法—高等职业教育—教材
②煤矿—矿用电气设备—维修—高等职业教育—教材 Ⅳ.①TD6

中国版本图书馆 CIP 数据核字(2013)第 188982 号

煤矿电气设备使用与维护　　方章英 主编

出版发行:北京师范大学出版集团
安徽大学出版社
(安徽省合肥市肥西路 3 号 邮编 230039)
www.bnupg.com
www.ahupress.com.cn
印　　刷:合肥图腾数字快印有限公司
经　　销:全国新华书店
开　　本:787 mm×1092 mm　1/16
印　　张:10.75
字　　数:251 千字
版　　次:2013 年 8 月第 1 版
印　　次:2023 年 2 月第 3 次印刷
定　　价:22.00 元
ISBN 978-7-5664-0482-4

策划编辑:李　梅　武溪溪　　装帧设计:李　军
责任编辑:武溪溪　　美术编辑:李　军
责任校对:程中业　　责任印制:赵明炎

版权所有　侵权必究

反盗版、侵权举报电话:0551－65106311
外埠邮购电话:0551－65107716
本书如有印装质量问题,请与印制管理部联系调换。
印制管理部电话:0551－65106311

前　言

本教材是一本融理论与实践为一体的工学结合教材。教材从培养学生的技术应用能力出发，按照“立足行业，服务煤矿”的指导思想，根据“以就业为导向，突出学生能力培养”的原则进行编写；结合淮北矿业实训基地模拟矿井的供电系统、供电设备、供电安全，融入了近年来煤矿电气设备的新设备、新技术、新规范。本书在编写上尽量贴近生产、贴近实际，具有鲜明的适用性、先进性、启发性和科学性，充分体现了职业教育的特色，以适应培养应用型高技能人才的需要。

教材采用理论实践一体化的教学模式，课堂设在实训室。将课堂上所学的理论知识和实际动手操作联系起来，使学生将感性认识转化为实际应用的技能技巧，指导学生手脑并用，加强动手能力训练，巩固所学知识。

本教材分为十四个项目，包括由高压电器到低压电器，由配电电器到控制电器的实习操作。通过对矿用隔爆高压配电箱、矿用变压器、矿用隔爆型自动馈电开关、低压隔爆磁力启动器及真空磁力启动器的拆装，使学生了解煤矿高、低压电器的原理与构造，掌握其维护和检修技术。认识漏电保护的重要性，以确保供电安全。矿用千伏级移动变电站是一种三位一体的组合电器，采用移动变电站向采区工作面供电的方式，可提高采区的工作电压，缩短供电距离，减少有色金属的耗费。通过项目的学习，可了解移动变电站的构造和原理，掌握移动变电站的拆装程序和日常检修内容。在运输机集中控制项目中，将介绍集中控制的种类及要求，了解其结构和主要性能，掌握其接线与使用方法。井下小型电器的使用、照明信号的安装与接线及煤电钻综合保护装置的使用与维修，可以提高学生的实际动手能力和维修技术水平。

本教材由安徽矿业职业技术学院方章英担任主编，刘法允、张立担任副主编，殷红松、刘西林、耿垒、张晓东、袁劲参编。具体分工是：方章英、刘西林、袁劲编写项目一、项目二、项目三、项目四、项目六、项目七、项目十二、项目十四；刘法允、张立、殷红松、耿垒、张晓东编写项目五、项目八、项目九、项目十、项目十一、项目十三。全书由方章英统稿。

本教材在编写过程中，得到了淮北矿业集团机电处、各生产厂矿工程技术人员的大力支持、帮助和配合，在此表示诚挚的感谢！本教材在编写过程中，参考了许多文献资料，我们谨向这些文献资料的编著者和提供者表示衷心的感谢！

由于种种原因，书中不妥之处在所难免，恳请读者在使用过程中提出宝贵的意见和建议，以便下次修订时改进。

编　者

2013 年 7 月

目录

项目一 煤矿供电系统 …… 1

项目二 矿用电气设备的类型及防爆电气设备的要求 …… 12

项目三 矿用电缆的敷设及故障处理 …… 20

项目四 成套配电装置检修与维护 …… 29

项目五 矿用隔爆高压真空配电装置 …… 34

任务一 BGP9L-6G型矿用隔爆高压真空配电装置 …… 34

任务二 BGP-630/6型矿用隔爆高压真空配电装置 …… 38

项目六 矿用干式变压器 …… 49

项目七 矿用移动变电站 …… 53

任务一 KBSGZY型矿用移动变电站 …… 53

任务二 PBG-250/6000B型移动变电站高压真空配电装置 …… 60

任务三 BXBD-800/1140(660)矿用隔爆型低压综合保护器 …… 70

项目八 漏电及其保护装置 …… 77

项目九 井下小型电器的安装与接线 …… 87

项目十 运输机集中控制的原理、安装与维修 …… 92

项目十一 矿用低压隔爆型磁力启动器的使用与维修 …… 98

任务一 QBZ7-80矿用隔爆型真空电磁启动器 …… 98

任务二 QBZ7-80N矿用隔爆型可逆真空电磁启动器 …… 107

任务三 QJZ-300/1140矿用隔爆兼本质安全型真空磁力启动器 …… 112

任务四 QJZ-400/1140矿用隔爆兼本质安全型真空电磁启动器 …… 116

任务五 QJZ-400(315、200)/1140(660)矿用隔爆兼本质安全型真空电磁启动器 …… 122

项目十二 矿用隔爆型智能化真空馈电开关 …… 132

任务一 BKD1-400Z/1140(660)矿用隔爆型智能化真空馈电开关 …… 132

任务二　KBZ20-400/1140 矿用隔爆型智能化真空馈电开关 ………………………… 137
项目十三　矿用隔爆型煤电钻综合保护装置 ……………………………………… 146
任务一　ZZ8L 矿用隔爆型煤电钻综合保护装置 …………………………………… 146
任务二　矿用隔爆型煤电钻变压器综合保护装置 …………………………………… 151
项目十四　接地与接零保护的安装、使用、维护和检修 ……………………………… 157
主要参考文献 ………………………………………………………………………… 165

项目一 煤矿供电系统

【知识点】

□掌握双回路供电系统的概念及矿井负荷对供电系统的要求。

□了解煤矿供电系统用电负荷分级。

□掌握煤矿供电电压等级。

□熟悉矿井供电系统各环节电气设备的位置和作用、电压等级、接线方式、电能输送方式。

□掌握煤矿地面变电所线路图。

【能力点】

□牢记并遵守《煤矿安全规程》规定,防止电气事故的发生。

□能根据煤矿各级变电所的供电系统图,说出图中设备名称、接线方式、作用及布置时的注意事项。

【相关知识】

一、供电系统的基本概念

煤矿生产的动力主要是电力。随着采煤机械化程度的不断提高,矿用设备的功率越来越大,供电电压越来越高,因此供电系统必须具备安全、可靠的特点,才能适应煤矿现代化生产的需要。

(一)供电要求

电力是现代工矿企业生产的主要能源。为确保安全和正常生产的需要,工矿企业对供电有如下基本要求。

1. 可靠性

供电的可靠性是指供电系统不间断供电的可靠程度。对于煤矿,供电一旦中断,不仅影响生产,而且可能使设备损坏,甚至发生人员伤亡事故,严重时会造成整个矿井的毁坏。为了保证煤矿供电的安全可靠,每一矿井应采用两回电源线路,当任一回路发生故障而停止供电时,另一回路应能担负矿井的全部负荷。正常情况下,采用一回路运行,另一回路必须带电备用,以保证井下生产过程中供电的连续性。两回电源线路最好引自不同的发电站或变电所,至少应引自同一变电所的不同母线段。

2. 安全性

安全性是指在生产过程中,不发生人身触电事故和因电气故障而引起的爆炸、火灾等重大事故。尤其在高粉尘、高湿度以及有爆炸危险的特殊环境中,为了确保供电安全,必须采取防爆、防潮、防触电等一系列技术措施。特别在煤矿井下,其生产环境复杂,自然条件恶劣,供电线路和电气设备易受损坏,如果用电不合理,会造成漏电及人身触电事故,甚至会导致瓦斯、煤尘爆炸等严重后果。因此,必须严格遵守《煤矿安全规程》中的有关规定,以确保煤矿供电安全。

3. 技术合理性

供电的技术合理性是指电能的电压、频率、波形等质量指标达到一定的技术标准。频率波形的偏差会影响到某些电气设备的正常工作。良好的电能质量是指电压偏移不超过额定电压值的±5%；3000kW 及以上的系统的频率偏移不超过±0.2Hz，3000kW 以下的系统的频率偏移不超过±0.5Hz。

4. 经济性

经济性是指在保证安全可靠供电的前提下，应力求供电网络接线简单，操作方便，建设投资和维护费用较低。

（二）电力负荷分级

按用户的重要性和中断供电对人身安全或在经济等方面所造成的损失和影响程度，电力负荷分为三级。

1. 一级负荷

凡中断供电会造成人员伤亡或在经济等方面造成重大损失者，均为一级负荷。这类负荷主要有：矿井通风设备，井下主排水设备，经常升降人员的立井提升设备，瓦斯抽放设备等。一级负荷至少应由 2 个电源供电，并对供电电源提出以下要求：

（1）在发生任何一种故障时，2 个电源的任何部分不应同时受到损坏。

（2）在发生任何一种故障且保护装置动作正常时，应有 1 个电源不中断供电。

（3）在发生任何一种故障且主保护装置失灵，以致所有电源均中断供电时，应能在有人值班的处所经过必要的操作，迅速恢复 1 个电源的供电。

2. 二级负荷

凡中断供电将在经济等方面造成较大损失或影响重要用户正常工作者，均为二级负荷。这类负荷主要有：经常升降人员的斜井提升设备，地面压缩空气设备，井筒保温设备，矿灯充电设备，井底水窝和采区下山排水设备等。二级负荷一般由两回电源线路供电。

3. 三级负荷

凡中断供电不会在经济上或其他方面造成较大影响者，为三级负荷。这类负荷有：机械修理厂，坑木加工厂等。三级负荷只需要一回电源线路。

（三）电力系统的基本概念

由各种不同电压等级的电力线路将发电厂、变电所和电力用户联系起来的一个发电、输电、变电、配电和用电的整体，叫作电力系统，如图 1-1 所示。图中各种电气设备的图形符号及含义见表 1-1。在电力系统中，变电所与各种不同电压的电力线路组成的网，叫作电力网。图 1-1 中虚线部分为煤矿区域供电系统。

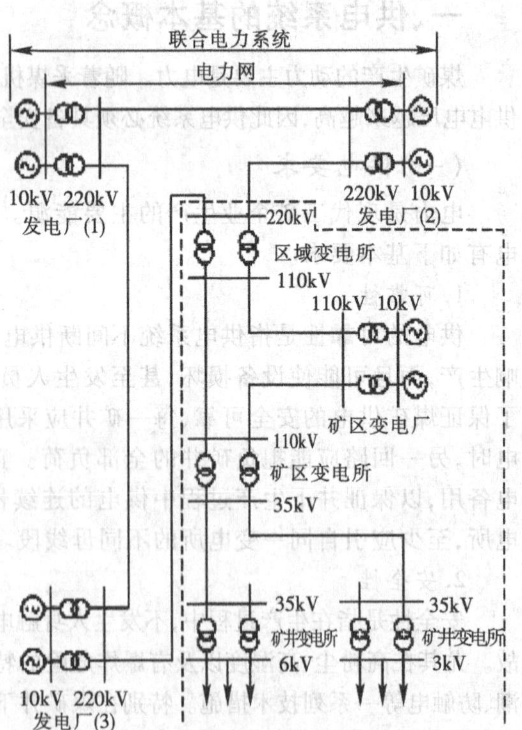

图 1-1　电力系统图

表 1-1 主要电气设备符号表

电气设备名称及文字符号 单字母(双字母)	图形符号	电气设备名称及文字符号 单字母(双字母)	图形符号
电力变压器 T(TM)		母线及母线引出线 W	
断路器 Q(QF)		电流互感器(单次级) T(TA)	
负荷开关 Q		电流互感器(双次级) T(TA)	
隔离开关 Q(QS)		电压互感器(单相式压变) T(TA)	
熔断器 F(FU)		电压互感器(三线圈压变) T(TA)	
跌落式熔断器 F(FU)		阀型避雷器 F	
自动空气断路器 Q(QA)		电抗器 L	
刀开关 Q(QK)		移相电容器 C	
熔断器式开关 Q		电缆终端头 X	
交流发电机 G		线路 W	

(四)供电电压等级

为使电气设备生产标准化,便于批量化生产,同时在使用中又易于互换,就必须对发电、输电及用电等所有设备的额定电压有统一的规定,以使电力网的额定电压与电气设备的额定电压相对应。因此,可根据电力网和电气设备的不同使用场合,将电压分为若干等级。

标准电压等级是根据国民经济发展的需要,考虑到技术经济上的合理性以及所有电气设备的制造水平和发展趋势等一系列因素,经全面分析、研究而制定的。

由于煤矿生产条件的特殊性,所以采用了一些特定的电压等级。表1-2列出了煤矿常用的电压等级及其应用范围。

表1-2　煤矿常用电压等级

电压/kV		用途
种类	等级	
交流电	0.036及以下	井下电气设备的控制及局部照明
	0.127	井下照明及手持式电气设备、矿井提升信号
	0.22	矿井地面照明和井下大巷照明
	0.38	地面低压动力
	0.66	井下采区低压动力、地面选煤厂动力
	1.14,3	井下综采工作面动力
	3,6,10	井上、下大型固定设备及供、配电
	35,60	高压输电线路
	110,220,330	超高压输电线路
直流电	0.25,0.55	架线式电机车
	0.75,1.5	露天煤矿工业电机车
	0.22,0.11	地面变电所二次回路
	0.004	酸性矿灯
	0.0025	碱性矿灯

二、煤矿供电系统

煤矿供电系统由矿区降压站、各类地面变电所以及井下的中央变电所、采区变电所、移动变电站、配电点和相应的供电设备及供电线路组成。

(一)地面变电所

地面变电所包括地面总变电所和各类车间变电所。

1. 地面总变电所

地面总变电所的受电电源取自电力系统的区域变电站。

地面总变电所也称为降压站,它是全矿供电的总枢纽,担负受电、变电及配电任务。地面变电所一般设在负荷中心,其所在的地理位置应避开风沙吹袭、空气污染和化学腐蚀,以防止损坏金属结构和电气绝缘,并具有适宜的地质条件(如避开滑坡、塌陷区等)。

根据矿井类型及电力系统的电压,地面变电所受电电压一般为35～110kV。由于煤矿属于一级用户,故采用双回独立电源受电。图1-2所示为一典型的地面变电所线路图。该变电所除向1号矿井供电外,还向2号矿井、3号矿井的地面变电所供电。

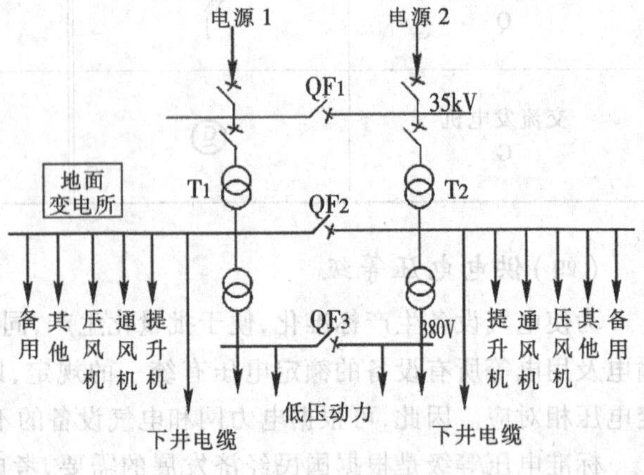

图1-3　典型地面变电所线路图

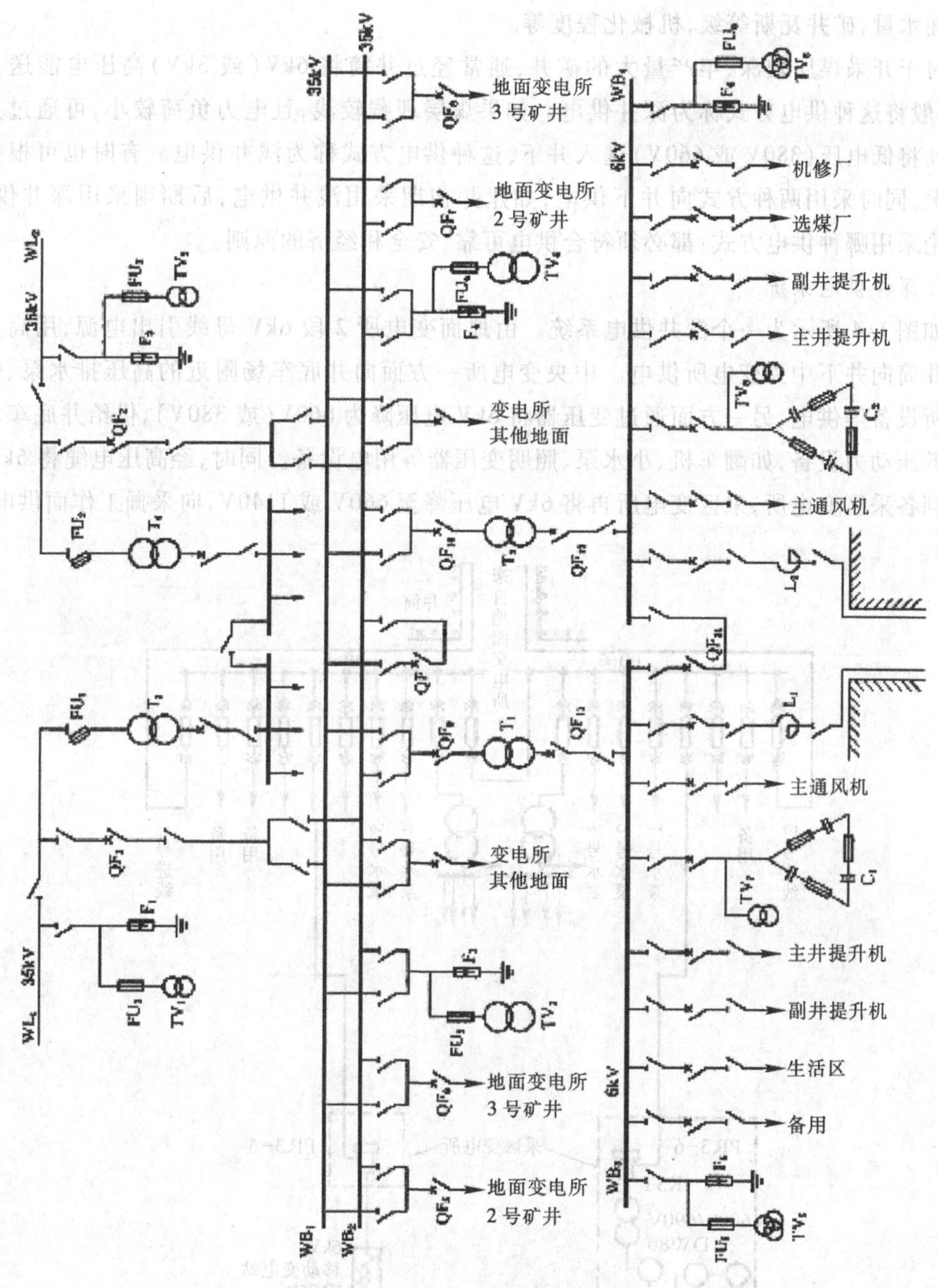

图 1-2 煤矿地面总变电所线路图

2. 具有一、二级负荷的地面变电所

当变电所设有一级负荷时,应采用两回独立电源供电,并设 2 台动力变压器。其变电所接线电路如图 1-3 所示。

(二) 井下供电系统

决定井下供电方式的主要因素有:井田的大小,煤的埋藏深度、年生产能力和开采方式,井下涌水量,矿井瓦斯等级,机械化程度等。

对于开采煤层较深、年产量大的矿井,通常经过井筒将6kV(或3kV)高压电能送入井下,一般将这种供电方式称为深井供电。如果煤层埋藏较浅,且电力负荷较小,可通过井筒或钻孔将低电压(380V或660V)送入井下,这种供电方式称为浅井供电。有时也可根据具体情况,同时采用两种方式向井下供电,如建井初期采用浅井供电,后期则采用深井供电。但无论采用哪种供电方式,都必须符合供电可靠、安全和经济的原则。

1. 深井供电系统

如图1-4所示为一个深井供电系统。由地面变电所2段6kV母线引出电源,用高压电缆经井筒向井下中央变电所供电。中央变电所一方面向井底车场附近的高压排水泵、牵引变流所设备等供电,另一方面通过变压器将6kV电压降为660V(或380V),供给井底车场附近的低压动力设备,如翻车机、小水泵、照明变压器等用电设备。同时,经高压电缆将6kV电能送到各采区变电所,采区变电所再将6kV电压降至660V或1140V,向采掘工作面供电。

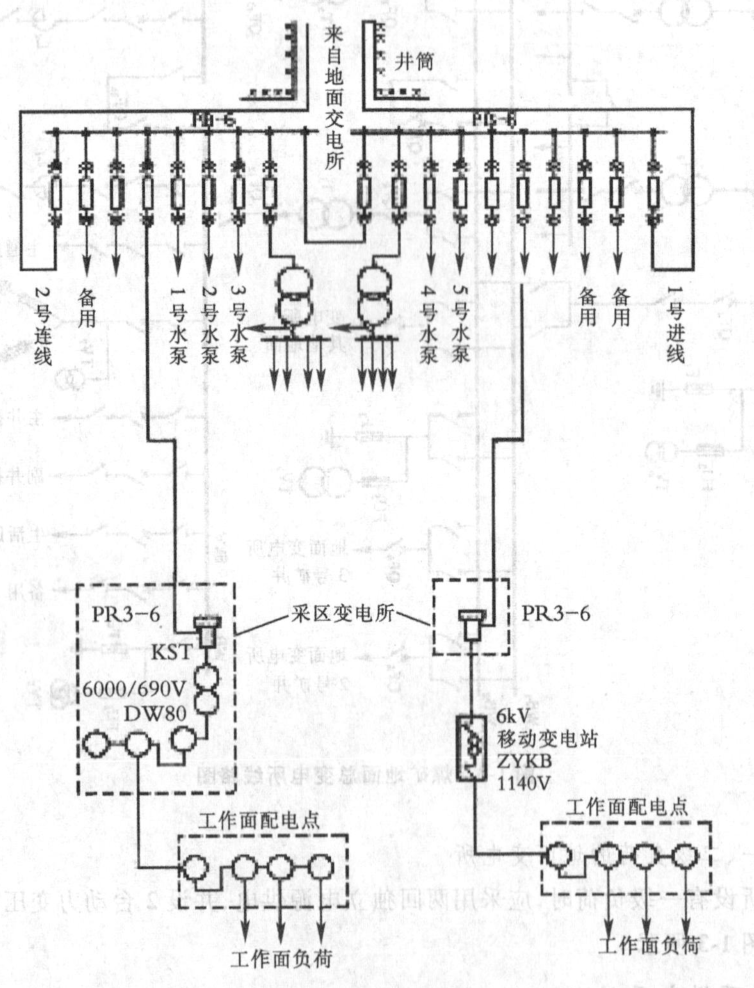

图1-4 深井供电系统

从地面变电所到井下中央变电所的下井电缆必须是两回路电源线路，以保证井下一级负荷用电的可靠性。当任何一路电源和线路发生故障停止供电时，另一路仍能担负矿井的全部负荷。

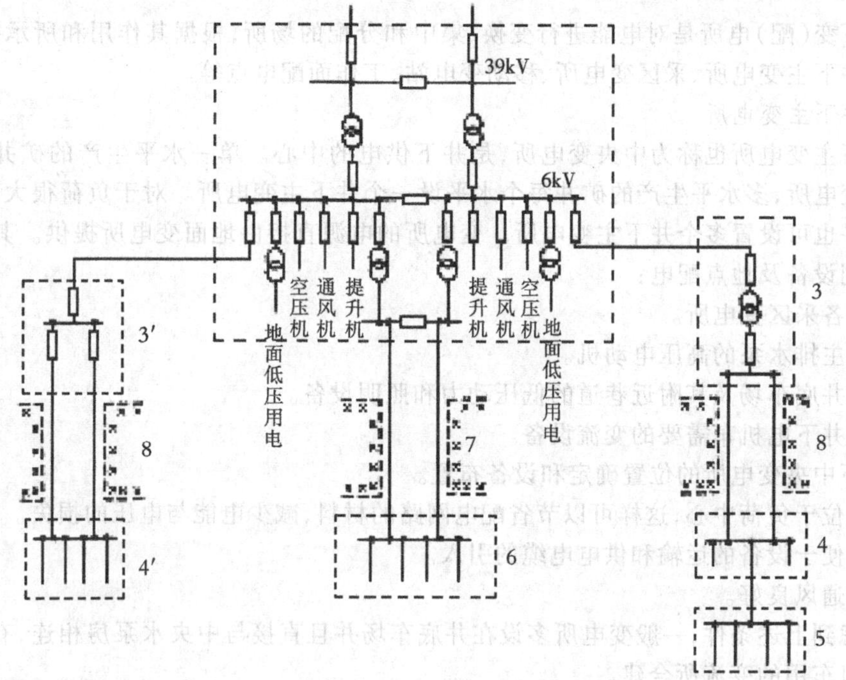

1—矿井地面变电所；2—架空线；3—地面变电亭；3'—地面配电亭；4—采区配电所；4'—采区变电所；5—工作面配电点；6—井底车场变电所；7—井筒；8—钻孔

图 1-5 浅井供电系统

2. 浅井供电系统

浅井供电的特点是井下不设中央变电所，而是根据负荷的大小，由地面变电所通过井筒或地面钻孔（用钢管加固孔壁）直接向井下高、低压设备或采区工作面供电。

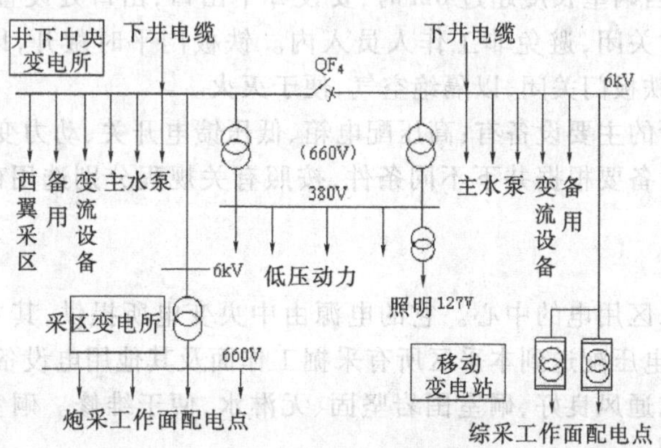

图 1-6 典型煤矿井下供电系统

图 1-5 所示为一个浅井供电系统。它是由地面变电所 6kV 母线经高压架空线分别向 2 个采区和井底车场供电。其中，向 2 个采区供电是经钻孔将电缆送入井下的。采用这种供

电方式，可节省价格昂贵的高压电缆，不需要开设专门的变电所硐室，而且井上变电、配电亭所用设备不需要价格过高的防爆型电器。

（三）井下变（配）电所

井下变（配）电所是对电能进行变换、集中和分配的场所，根据其作用和所承担的任务，可分为井下主变电所、采区变电所、移动变电站、工作面配电点等。

1.井下主变电所

井下主变电所也称为中央变电所，是井下供电的中心。单一水平生产的矿井一般设置一个主变电所，多水平生产的矿井每个水平设一个井下主变电所。对于负荷很大的矿井，在一个水平也可设置多个井下主变电所。变电所的电源直接由地面变电所提供。其主要任务是向下列设备及地点配电：

（1）各采区变电所。

（2）主排水泵的高压电动机。

（3）井底车场及其附近巷道的低压动力和照明设备。

（4）井下电机车需要的变流设备。

井下中央变电所的位置确定和设备布置。

（1）位于负荷中心，这样可以节省配电网路的材料，减少电能与电压的损失。

（2）便于设备的运输和供电电缆的引入。

（3）通风良好。

考虑到上述条件，一般变电所多设在井底车场并且直接与中央水泵房相连，有条件时还可与电机车用的变流所合建。

防水、防火、通风是变电所应特别注意的问题。为了防水，变电所地面要比井底车场的底板标高高出0.5m。

为了防火，硐室采用耐火材料砌碹，从硐室出口处起5m内的巷道也用耐火材料建成。在变电所硐室内使用带黄麻保护层的电缆时，应将易燃的黄麻保护层去掉。硐室内还必须设有合格的灭火器和沙箱。

为使通风良好，当硐室长度超过6m时，要设2个出口，出口处设置两重门，即铁板门与铁栅门。铁栅门平时关闭，避免非工作人员入内。铁板门平时敞开，以保证硐室内通风良好。当发生火灾时，铁板门关闭，以隔绝空气，便于灭火。

井下中央变电所的主要设备有：高压配电箱、低压馈电开关、动力变压器和照明变压器。硐室内的各种电气设备要根据井下不同条件，按照有关规程分别选用矿用一般型和矿用隔爆型设备。

2.采区变电所

采区变电所是采区用电的中心。它的电源由中央变电所提供，其主要任务是将高电压变为低电压，并将此电压配送到本采区所有采掘工作面及其他用电设备。

采区变电所要求通风良好，硐室围岩坚固、无淋水，便于维修。硐室的其他安全设施与中央变电所基本相同。

采区变电所的主要设备有：

（1）用于进线、控制及保护变压器的高压配电箱。

（2）用于将6kV电压降至380V或660V的动力变压器。

（3）用于接通、分断和保护供电线路的低压馈电开关。

(4)供变电所和其附近巷道照明用的低压变压器。

(5)为了防止电网漏电引起各种事故,变电所必须设置的检漏继电器和接地装置。

采区变电所的布置一般从高压进线端起依次为:高压配电箱、动力变压器、低压馈电总开关及检漏继电器、各种馈电开关、照明变压器等。根据具体情况,可将高压设备置于一侧,低压设备置于另一侧,也可置于同一侧。为使设备检修、安装方便,各设备之间及设备与墙之间要留有0.7m以上的通道。若无须从两侧和后面检修设备时,可不留通道。但高压配电箱正面操作的通道宽度要保证单侧布置时不得小于1.4m,双侧布置时不得小于1.8m。

3.移动变电站

随着采煤机械化程度的提高,采区工作面设备的总容量越来越大,同时采区的走向也越来越长,这就要求供电系统必须设置大量的低压断路开关和采用大量的低压干线电缆,从而使系统的安装和使用都比较复杂;另外,系统的过电流保护装置整定也比较困难,很难达到继电保护的动作要求;当低压电缆较长时,其线路上的电压损失和电能损耗很大,也不能满足设备正常工作的要求。

为了解决上述问题,在技术上采用了高压直接深入采区工作面的供电方式,即采用移动变电站向采区工作面供电。移动变电站是由高压开关、干式变压器、隔爆低压馈电开关及各种保护装置组成的一个整体,安装在拖橇上。拖橇下面设有边轮,可在轨道上滚动。移动变电站一般设在距工作面50~100m处,随工作面的推进而移动。移动变电站的电源由中央变电所或采区变电所的6kV高压直接供电。

4.工作面配电点

工作面配电点将采区变电所送来的低压电能再分配给采掘工作面的电气设备,主要起配电作用;同时可利用干式变压器将电压降为127V,供煤电钻和照明使用。

工作面配电点设在低压开关设备集中的地方,其特点是需要经常随工作面移动,所以一般不需要开设专门的硐室,大都直接设在工作面附近的运输平巷或回风巷的一侧,其位置一般距工作面70~100m。对于掘进工作面的配电点,大都设在掘进巷的一侧或掘进巷道的贯通巷内,一般距工作面80~100m。

三、供电安全相关规定

1.对电源与供电系统的规定

(1)双回路供电,不得分接负荷,不得共杆架设,不准装负荷定量器。(《煤矿安全规程》第441条、第442条)

(2)两路电源线应分列运行,若一用一备则必须带电备用。(《煤矿安全规程》第441条)

(3)井下供电严禁中性点接地。(《煤矿安全规程》第443条)

(4)高压电网单相接地电流应小于20A。(《煤矿安全规程》第457条)

(5)高压下井电缆严禁装设自动重合闸。(《煤矿安全规程》第458条)

(6)井上、井下必须装设防雷电装置。(《煤矿安全规程》第459条)

2.电气操作实行工作票制度

(1)工作票的内容:工作地点,工作任务,起止时间,工作负责人、工作许可人和工作人员的姓名,注意事项和安全措施。

(2)工作票由煤矿主管供电的负责人签发,签发人不得兼任该项工作的负责人。

(3)工作票的执行工作票一式两份,一份提前一天交值班员收执并作记录,另一份由工作负责人执存。

3. 高压停、送电制度

遵守停电→验电→放电→装设接地→设置遮栏、警示等程序，严禁带电作业。

【任务实施】

一、根据图1-2完成下列任务

1. 了解煤矿供电系统的组成、设备的布置。
2. 能看懂供电系统图，掌握供电系统图中的设备图形符号并能正确应用。
3. 能根据供电系统图对设备进行停、送电操作。

二、根据淮北矿业实训基地井下采煤工作面实际情况，结合图1-7、图1-8认识主要电气设备（元件）并熟悉其作用

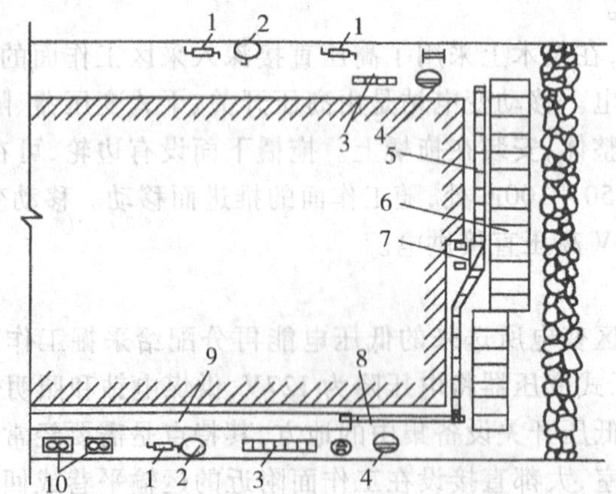

1—小绞车；2—小水泵；3—配电点；4—电站照明变压器综合装置；5—工作面输送机；6—液压支架；7—采煤机；8—转载机；9—胶带输送机；10—移动变电站

图1-7　综采工作面机电设备布置示意图

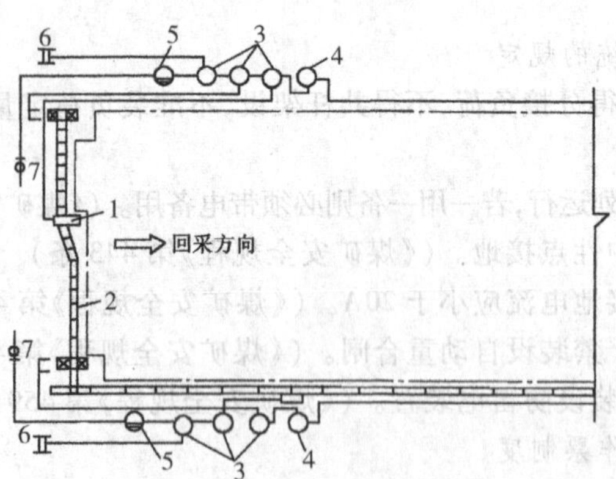

1—采煤机；2—输送机；3—启动器；4—自动馈电开关；5—电钻变压器综合装置；6—回柱绞车；7—煤电钻

图1-8　采煤工作面配电点的布置及配电示意图

(1)高压配电箱。

(2)矿用变压器。

(3)移动变电站。

(4)采煤机。

(5)输送机。

(6)启动器。

(7)自动馈电开关。

(8)电钻变压器综合装置。

(9)回柱绞车。

(10)煤电钻。

三、根据淮北矿业实训基地绘制井下中央变电所供电系统图

井下中央变电所设备:高压防爆开关7台,PBG-(400/315/100.50)/6kV型;矿用移动变电站1台,KBSGZY-500/6kV型;干式变压器3台,KBSG-(315/200)/6kV型;馈电开关5台,KBZ2-400/1140(660)型;照明综合保护装置1台,ZBZ-10(1140/660)型。

四、根据淮北矿业实训基地井下设备布置绘制工作面供电系统图

1. 综采工作面供电系统图

综采工作面设备:3台移动变电站,KBSGZY-1600-6/3.3kV型2台,负载分别是采煤机和刮板机;KBSGZY-800-6/1.14kV型1台,负载是乳化泵、喷雾泵、带式输送机、转载机、破碎机、链板机、照明综合保护装置(简称“综保”)。

2. 综掘工作面供电系统图

综掘工作面供电设备包括:QJZ-80/1140型电磁启动器1台,负载张紧皮带;QJZ-400/1140型电磁启动器1台,负载带式输送机;QJZ-400/1140型电磁启动器1台,负载掘进机;照明综合保护装置1台,负载综掘工作面照明。

3. 普掘工作面供电系统图

普掘工作面供电设备包括:QBZ-80/1140型电磁启动器1台,负载喷浆机;QBZ-80N/1140型电磁启动器1台,负载扒矸机;QBZ-80N/380型电磁启动器1台,负载电葫芦。

【思考与练习】

1. 简述图1-2中各设备的作用及接线的特点。

2. 井下中央变电所、采区变电所、工作面配电点的主要任务是什么?

3. 井下中央变电所、采区变电所内有哪些主要设备?其作用是什么?

4. 布置变电所设备时应注意哪些问题?

5. 为了保证对一级负荷不间断供电,采区变电所应采用怎样的接线方式?

6. 工作面配电点一般应设在何处?在布置设备时应注意些什么?

项目二　矿用电气设备的类型及防爆电气设备的要求

【知识点】

□了解防爆型电气设备的防爆原理。

□熟悉防爆型电气设备的类型和标志。

□掌握电气设备的防爆措施和防爆电气设备的基本要求。

□掌握常见失爆现象、原因及预防措施。

□熟悉井下电气防爆安全规程。

【能力点】

□能够对防爆电气设备进行简单、正确的检修及维护。

□能够判定电气设备是否失爆。

□增强安全防爆意识,遵守安全操作规定,防止爆炸事故发生。

【案例描述】

案例一

2000 年 11 月 25 日,某矿发生重大瓦斯爆炸事故。事故直接原因是:死者对煤电钻电缆明线接头未按规定进行处理,致使电缆移动时接头处短路,形成引爆火花,引起瓦斯爆炸。

案例二

2001 年 4 月 6 日,某矿发生一起特大瓦斯爆炸事故,造成多人伤亡,直接经济损失数万元。事故的直接原因是:415 掘进工作面的瓦斯涌出量大,在掘进的过程中没有按照《煤矿安全规程》的规定及时采取瓦斯抽放措施,致使工作面瓦斯时常超限。事故当班 415 掘进工作面的局部通风机没有正常运行,造成瓦斯积聚,并达到爆炸界限,同时电气设备失爆产生火花,引起瓦斯爆炸。

案例三

2004 年 2 月 23 日,某矿发生一起特大瓦斯爆炸事故,造成多人伤亡,直接经济损失数万元。事故的直接原因是:该矿 13#煤层东一掘进工作面当班瓦斯检查员严重违章,上班时脱岗,没有及时接风筒,致使该工作面处于微风、无风状态,造成瓦斯大量积聚并达到爆炸条件;工人违章拆卸矿灯,矿灯短路产生火花,引起瓦斯爆炸。

【案例分析】

井下为什么会经常发生爆炸事故?采取哪些措施可以防止爆炸事故发生呢?电气设备在井下爆炸事故中充当什么角色?电气设备应如何防爆?作为现场工人,应遵守哪些安全规程避免爆炸事故?以上都是我们必须学习和掌握的内容。

【相关知识】

一、井下供电设备所处的特殊工作环境

(1)巷道、硐室和采掘工作面的空间狭窄,人体触及电气设备的机会多。

(2)由于煤层和岩石的压力以及放炮等影响,井下的电气设备,尤其是电缆可能受到掉矸和片帮的砸压。

(3)井下空气潮湿,硐室又经常有滴水、淋水现象,湿度达96%,因此电气设备极易受潮和发霉。

(4)有些巷道及机电硐室内空气流通不畅,温度高,电气设备散热条件差。

(5)井下电气设备移动次数多、启动频繁、负荷变化大、过载机会多。

(6)井下含有的瓦斯、煤尘等当达到一定量值时,遇有电弧、电火花及局部高温会引起燃烧和爆炸。

二、电气设备的防爆

瓦斯和煤尘的爆炸具有极强的破坏性,是井下最严重的恶性事故,因而井下电气设备必须具有防爆性能,故要求设备既能防止因电弧和电火花的外露而引发瓦斯、煤尘的爆炸,又要保证爆炸后不会使设备外壳变形。

1.矿井瓦斯和煤尘

瓦斯、煤尘爆炸时会产生巨大的冲击力,不仅使设备损坏、人员伤亡,甚至还会造成整个矿井报废。

瓦斯是煤炭开采过程中从煤层、岩石中涌出来的一种气体。它包括甲烷、乙烷、一氧化碳、二氧化碳和二氧化硫等气体,但主要是甲烷(CH_4),又名沼气。甲烷是一种无色、无味、比空气还要轻的可燃性气体。在正常温度和压力下,当瓦斯浓度的含量达到5%~16%时,遇到点燃源就会爆炸。另外,实验表明,当电火花或灼热导体的温度达至650~750℃以上时,也会引起瓦斯爆炸。最容易被电火花引起爆炸的瓦斯浓度是8.5%,而爆炸力最强的瓦斯浓度是9.5%。

井下煤尘粒度在1~1000μm之间,当挥发指数(即煤尘中所含挥发物的相对比例)超过10%,且飞扬在空气中的煤尘含量达30~2000g/m³时,遇到700~800℃以上的点燃温度,就会发生煤尘爆炸。煤尘爆炸后还会生成大量的一氧化碳,比瓦斯爆炸的危险性更大。爆炸最猛烈的煤尘含量是112g/m³。

2.电气设备的防爆途径

矿井中能够引起瓦斯、煤尘爆炸的火源很多,其中电火花、电气设备中的电弧及过度发热的导体是主要的引火源,因而应对电气设备采取以下措施。

(1)采用隔爆外壳。将电气设备置于隔爆外壳内,隔爆外壳具有足够的机械强度,即使在壳内发生瓦斯爆炸,外壳也不至于破裂或变形,并且从间隙逸出壳外的火焰已受到足够的冷却,不足以点燃壳外的瓦斯和煤尘,因此外壳必须具有耐爆和隔爆性能。

外壳的耐爆性能由其机械强度保证。实验证明,壳内的爆炸压力与外壳的容积大小和形状有关。外壳形状以长方体的压力最小,故近年来隔爆电气设备的外壳多设计成长方体。

外壳净容积越大,爆炸时产生的爆炸压力也越大。不同容积外壳的机械强度要求见表 2-1。

表 2-1 隔爆外壳的试验压力

外壳容积/L	V≤0.5	0.5<V≤2.0	V>2.0
试验压力/MPa	0.35	0.6	0.8

为了保证隔爆性能,要求外壳各部件之间的隔爆结合面符合一定的要求。这样当壳内爆炸时,火焰在通过结合面间隙向外传播的过程中,能够受到足够的冷却,使其温度降至瓦斯点燃温度以下。因此,对外壳结合面的间隙、最小有效长度和粗糙度均有一定要求。粗糙度的要求是,对静止的隔爆结合面和插销套应不大于 6.3,对操纵杆应不大于 3.2。对隔爆结合面的最大间隙或直径差 W、最小有效长度 L 及螺栓通孔至外壳内缘的最小长度 L_1 的要求见表 2-2。

表 2-2 矿用电气设备隔爆外壳隔爆结合面结构参数 单位:mm

结合面形式	L	L_1	W 外壳容积/L $V≤0.1$	W 外壳容积/L $V>0.1$
平面、止口或圆筒结构①	6.0	6.0	0.30	–
	12.5	8.0	0.40	0.40
	25.0	9.0	0.50	0.50
	40.0	15.0	–	0.60
带有滚动轴承的圆筒结构②	6.0	–	0.40	0.40
	12.5	–	0.50	0.50
	25.0	–	0.60	0.60
	40.0	–	–	0.80

注:①对于操纵杆,当直径 d 不大于 6.0mm 时,隔爆结合面的长度 L 须不小于 6.0mm;直径 d 不大于 25mm时,L 须不小于 d;d 大于 25mm 时,L 须不小于 25mm。②当轴与轴孔不同心时,最大单边间隙须不大于 W 值的 2/3。

(2)增安。所谓"增安",就是对一些电气设备采取防护措施,制定特殊要求,以防止电火花、电弧和过热现象的发生,如提高绝缘强度、规定最小电气间隙、限制表面温升,以及装设不会产生过热或火花的导线接头等。这种措施用于电动机、变压器、照明灯等。

(3)采用本质安全电路和设备。所谓"本质安全电路和设备",就是在电路系统或电气设备上采取一定的技术措施,使之在正常和故障状态下产生的电火花能量均不足以点燃瓦斯和煤尘。

电火花分为电阻性、电容性和电感性 3 种。电路开关在开、合过程或发生短路时,均能产生电火花,其能量大小取决于电源电压和回路阻抗。对于纯电阻电路,火花能量主要取决于电压和电流;对于电感电路,火花能量主要取决于电流和电感;对于电容电路,火花能量主要取决于电压和电容。电火花能量是决定能否点燃瓦斯的主要参数,在设计本质安全电路时,必须限制电火花能量。其方法主要有:

①合理选择电气元件,尽量降低电源电压。

②增大电路中的电阻或利用导线电阻来限制线路中的故障电流。

③采取消能措施,消耗或衰减电感元件中的能量。

由于电火花能量受到限制，故本质安全电路只适用于信号、通讯、测量仪表、控制回路等弱电系统，且本电路不需隔爆外壳，具有体积小、重量轻、安全可靠等优点。

(4)采用超前切断电源和快速断电系统。利用瓦斯、煤尘点火迟延的特性，使电气设备在正常和故障状态下产生的热源或电火花尚未引起瓦斯爆炸之前，就自然切断电源，达到防爆的目的，此作用称为超前切断电源。这种防爆原理，目前在防爆白炽灯、启爆器及屏蔽电缆保护系统中得到应用。

快速断电系统的工作原理是，电火花点燃瓦斯和煤尘需要一定时间，其时间长短因电路参数和故障原因不同而异，但最短不少于5ms。如果故障切除时间小于5ms，则无论电缆受何损伤，其火花均不能点燃瓦斯和煤尘。一般快速断电系统的断电时间为2.5~3ms。

三、矿用电气设备的分类

根据矿用电气设备使用场所的环境、条件以及设备结构、性能、用途及不同的要求，矿用电气设备分为两大类：一类是矿用防爆型电气设备，另一类是矿用一般型电气设备。

(一)矿用防爆型电气设备

防爆型电气设备又称爆炸环境用电气设备，它是按规定标准设计制造的，这种电气设备在使用中不会引起周围爆炸性混合物的爆炸。

防爆型电气设备在其外壳的明显处设置了清晰的永久性凸纹标志"Ex"。防爆电气设备按防爆形式又分为隔爆型、增安型、本质安全型、正压型、充油型、充砂型、浇封型、无火花型、气密型和特殊型等。

1.隔爆型电气设备

这种电气设备具有隔爆外壳，该外壳既能承受其内部爆炸性气体混合物引起爆炸产生的爆炸压力，又能防止爆炸产物穿出隔爆间隙点燃外壳周围的爆炸性混合物。其代表符号为"d"。

2.增安型电气设备

该型电气设备在正常运行条件下不会产生电弧、火花或可能点燃爆炸性混合物的高温，但在设备结构上采取措施提高安全程度，以避免在正常和认可的过载条件下产生火花、电弧或高温。其代表符号为"e"。

3.本质安全型电气设备

该型电气设备的全部电路均为本质安全电路。所谓"本质安全电路"，是指在规定的试验条件下、正常工作或规定的故障状态下产生的电火花和热效应均不能点燃规定的爆炸性混合物的电路。其代表符号为"i"。

4.正压型电气设备

该型电气设备是具有正压外壳，即设备外壳内充有保护性气体，并保持其压力(压强)高于周围爆炸性环境的压力(压强)，以阻止外部爆炸性混合物进入的防爆电气设备。其代表符号为"p"。

5.充油型电气设备

该型电气设备是将可能产生电火花、电弧或危险高温的全部或部分部件浸在油内，使设备不能点燃油面以上的或外壳以外的爆炸性混合物。其代表符号为"o"。

6.充砂型电气设备

该型电气设备外壳内充填有砂粒材料,使设备在规定的条件下壳内产生的电弧、传播的火焰、外壳壁或砂粒材料表面的过热温度,均不能点燃周围爆炸性混合物。其代表符号为“q”。

7.浇封型电气设备

该型电气设备将其本身或其部件浇封在浇封剂中,使它在正常运行和认可的过载或故障下不能点燃周围的爆炸性混合物。其代表符号为“m”。

8.无火花型电气设备

该型电气设备在正常运行条件下,不会点燃周围爆炸性混合物,且一般不会发生有点燃作用的故障。其代表符号为“n”。

9.气密型电气设备

这是一种具有气密外壳的电气设备。其代表符号为“h”。

10.特殊型电气设备

该型电气设备不同于现有防爆型式,它是由主管部门制定暂行规定,经国家认可的检验机构检验证明具有防爆性能的电气设备。该型防爆电气设备必须报国家技术监督部门备案。其代表符号为“s”。

(二)矿用一般型电气设备

矿用一般型电气设备是专门针对煤矿井下条件生产的不防爆的一般型电气设备。这种电气设备与通用设备相比较,对介质温度、耐潮性能、外壳材料及强度、进线装置、接地端子都有适应煤矿具体条件的要求,而且能防止从外部直接触及带电部分和防止水滴垂直滴入,并对接线端子爬电距离和空气间隙有专门的规定。其代表符号为“ky”。

由于这种电气设备没有任何防爆设施,所以只能用在井下通风良好且没有瓦斯积聚和煤尘飞扬的地方。

(三)矿用电气设备的使用范围

矿用一般型电气设备与防爆型电气设备相比,具有造价低廉、维护方便的特点,所以,在井下能用一般型电气设备的场所尽量不使用防爆型设备,以便降低煤炭生产的成本。但从煤矿安全的角度出发,不同类型的电气设备的使用场所,必须按《煤矿安全规程》中的有关规定执行。对不同等级的瓦斯矿井,在不同地点允许使用不同的电气设备类型。

四、电气设备的防爆性能

隔爆外壳有2个作用:一是有足够的机械强度,即当壳内出现较强的爆炸时,不会使外壳损坏和变形;二是内部产生爆炸时的火焰不会引爆外壳周围的瓦斯、煤尘,即防爆外壳必须具有耐爆性和隔爆性。

1.耐爆性

耐爆性主要指防爆外壳的机械强度。为保证外壳能承受爆炸高温、高压的冲击,井下大多电气设备的外壳都是用抗拉强度和韧性较高的钢板、铸铁焊接制成。对常用的隔爆型电气设备,当外壳直径400~600mm之间时,其壁厚一般选在3~6mm(具体厚度通过力学分析和试验确定)。对于手持式或支架式电钻及其附属插销和携带式仪器的外壳,都采用抗拉强度较高的铝合金材料制成。

2. 隔爆性

隔爆性是指设备外壳各部件间的接合面应符合一定的要求，以保证外喷火焰或灼热的金属颗粒不会引起壳外的可燃性气体爆炸。因此，外壳的隔爆程度是由外壳装配接合面的宽度、间隙和表面粗糙度来保证的。火焰和爆炸生成物通过接合面向外传播时，接合面间隙具有熄火作用和对高温金属颗粒的冷却作用，致使火焰温度降至点燃温度以下而起到隔爆作用。因此，接合面越宽、间隙越小，隔爆性能越好。然而在实际工作中，由于电气设备接合面宽度已被确定，所以，接合面间隙对设备的隔爆性起着决定性的作用。因此，在实际工作中要对外壳接合面及其表面粗糙度加以保护。

当火焰通过间隙传播出来时，其温度降至点燃温度以下，就不会发生传爆。一般在相同的条件下，接合面间隙越小，壳内发生爆炸时喷出的爆炸生成物的温度就越低。法兰盘的宽度越大，温度也越低，这是因为火焰通路越长，热损失越大。

【任务实施】

一、防爆电气设备的选用

由于煤矿井下条件特殊，对井下电气设备的选用，必须按照《煤矿安全规程》的要求，根据井下不同的使用场所，选用不同类型的矿用电气设备。井下电气设备的选用应符合表 2-3 的要求，否则必须制定安全措施，报省（区）煤炭局批准。

表 2-3 井下电气设备选用规定

使用场所 类别	煤（岩）与瓦斯（二氧化碳）突出矿井和瓦斯喷出区域	瓦斯矿井				
		井底车场、总进风巷和主要进风巷		翻车机硐室	采区进风巷	总回风巷、主要回风巷、采区回风巷、工作面和工作面进回风巷
		低瓦斯矿井	高瓦斯矿井			
1. 高低压电机和电气设备	矿用防爆型（矿用增安型除外）	矿用一般型	矿用一般型	矿用防爆型	矿用防爆型	矿用防爆型（矿用增安型除外）
2. 照明灯具	矿用防爆型（矿用增安型除外）	矿用一般型	矿用防爆型	矿用防爆型	矿用防爆型	矿用防爆型（矿用增安型除外）
3. 通信、自动化装置和仪表、仪器	矿用防爆型（矿用增安型除外）	矿用一般型	矿用防爆型	矿用防爆型	矿用防爆型	矿用防爆型（矿用增安型除外）

注：①使用架线电机车运输的巷道中和沿该巷道的机电硐室内可以采用矿用一般型电气设备（包括照明灯具、通信自动化装置和仪表、仪器）。②煤（岩）与瓦斯突出矿井的井底车场的主泵房内，可使用矿用增安型电动机。③普通型携带式电气测量仪表，只准在瓦斯浓度低于 1% 以下的地点使用。

二、隔爆型电气设备常见的失爆现象

电气设备的隔爆外壳失去了耐爆性或隔爆性（即不传爆性）就是失爆。井下隔爆型电气设备常见的失爆现象有：

(1)隔爆外壳严重变形或出现裂纹，焊缝开焊以及连接螺丝不齐全、螺扣损坏或拧入深度少于规定值，致使其机械强度达不到耐爆性的要求而失爆。

(2)隔爆接合面严重锈蚀，由于机械损伤、间隙超过规定值，出现凹坑、连接螺丝没有压紧等情况，达不到不传爆的要求而失爆。

(3)电缆进、出线口没有使用合格的密封胶圈或根本没有密封胶圈；不用的电缆接线孔没有使用合格的密封挡板或根本没有密封挡板而造成失爆。

(4)在设备外壳内随意增加电气元、部件，使某些电气距离小于规定值，或绝缘损坏，消弧装置失效，造成相间经外壳弧光接地短路，外壳被短路电弧烧穿而失爆。

(5)外壳内两个隔爆腔由于接线柱、接线套管烧毁而连通，内部爆炸时形成压力叠加，导致外壳失爆。

三、隔爆型电气设备失爆的原因及预防措施

(1)电气设备维护和检修不当造成防护层脱落，使得防爆面落上矿尘等杂物，紧固对口接合面时会出现凹坑，有可能使隔爆接合面间隙增大。因此维修人员在检修电气设备时，一定要注意防爆接合面，防止有煤尘、杂物沾在上面。

(2)井下发生局部冒顶，砸伤隔爆型电气设备的外壳，移动和搬迁不当造成外壳变形及机械损伤都能使隔爆型电气设备失爆。为此，电气设备应安装在支护良好的地点，移动和搬迁设备时要小心轻放。

(3)由于不熟悉设备的性能，在装卸过程中没有采用专用工具或发生误操作。如拆卸防爆电动机端盖时，为了省事而用器械敲打，可能将端盖打坏或产生不明显的裂纹，发生传爆的现象。拆卸时零部件没有打钢印标记，待装配时没有对号而误认为是可互换的，造成间隙过小，可能与活动接合面产生摩擦，破坏隔爆面。所以每个零部件一定要打钢印标记，装配时对号选配。

(4)螺钉紧固的隔爆面，由于螺孔深度过浅或螺钉太长，而不能很好地紧固零件。为此，应检查螺孔是否有杂质，螺扣是否完好，装配前应进行检查和处理。

(5)工作人员对防爆理论知识掌握不够，对各种规程不能正确贯彻执行，以及对设备的隔爆要求马虎大意，均可能造成失爆。为此，应加强理论知识和规程的学习，克服麻痹大意的思想。

四、防爆电气设备入井前的检查

防爆电气设备入井前，应由指定的、经培训考试合格的电气设备防爆检查工检查其“产品合格证”、“防爆合格证”、“MA 准用证”及安全性能，检查合格后方准入井。

【思考与练习】

1. 防爆电气设备共分几种类型？

2. 矿用电气设备分为哪几种类型？

3. 隔爆型电气设备常见的失爆现象有哪些？

4. 隔爆型电气设备入井前的检查内容是什么？

知识链接

井下一旦发生瓦斯煤尘爆炸事故,现场工人应积极进行自救互救。

瓦斯煤尘爆炸时,一般都会有强大的爆炸声和连续的空气振动,产生很强的高温气浪,并产生大量的有害气体。这时,一定要沉着,不要惊慌,不要乱喊乱跑,要积极进行自救。应迅速背离空气振动的方向,脸向下卧倒,头尽量要低,用衣服等盖住身体,尽量减少身体的裸露。在爆炸的瞬间要迅速取下自救器,按规定佩戴好。然后辨认方向,朝有新鲜风流的方向撤离,或沿避灾路线尽快离开灾区,进入新鲜风流中。一旦巷道遭到严重破坏,又不知道撤退路线是否安全时,就应设法进入较安全的避难硐室,或在顶板坚固、支护完整、无有害气体、有水或离水源较近的地方构筑临时避难硐室暂避,耐心待救。

避难中,要由有经验的人指挥,严格控制矿灯的使用,并照顾好受伤和体弱人员,还要不时敲打铁器或岩石,发出呼救信号。

有可能时,可派出至少2人以上的侦察小组对线路进行探查,确认安全时就可撤离灾区,但沿途要做好标记,以便救护队跟踪寻找。

项目三　矿用电缆的敷设及故障处理

【知识点】

□了解常见矿用电缆的种类及结构。

□熟悉常用电缆型号的含义。

□熟悉井下电缆敷设的注意事项。

□熟悉电缆的固定和悬挂。

□熟悉电缆的连接方法。

【能力点】

□能够按照要求进行电缆的敷设。

□能根据具体的条件,选择地面电缆的型号并能进行地面电缆敷设。

□能根据具体的条件,选择一般电缆的型号、长度、芯数和截面。

【任务引入】

电缆线路与架空线路相比,有成本高、维修不便等缺点,但它具有不受外界影响、不用架设杆塔、不妨碍观瞻等优点。尤其是通过有腐蚀性气体或易爆易燃不宜架设线路的地区时,只能敷设电缆。煤矿井下因受空间的限制,除电机车架线外,其他动力均由电缆供电。

【任务描述】

如图 3-1 所示是矿用橡套电缆,它是外面缠包着保护覆盖层的绝缘导线,由置于密封护套中的多根相互绝缘的导电线芯组成。矿用电缆用于煤矿地面和井下运输、分配电能或传输电信号。

【任务分析】

由于煤矿井下条件十分苛刻,电缆在使用中要能经受频繁的弯曲、矸石和煤块的冲砸、各种机械的刮碰和挤压,再加上矿井中有易爆的瓦斯气体和煤尘,因此,矿用电缆比普通的电缆结构复杂,性能要求高。煤矿井下常用的电缆从结构上分为三大类:铠装电缆、橡套电缆和塑料电缆。在综采工作面上使用的主要是橡套电缆。正确地选择与使用电缆,直接关系到供电的安全性、可靠性和经济性。

图 3-1　矿用橡套电缆

【相关知识】

一、矿用电缆的种类及结构

(一)铠装电缆

铠装电缆具有较高的机械强度,但不易弯曲,主要用于对固定或半固定设备供电。目前使用的铠装电缆有油浸纸绝缘电缆和塑料绝缘电缆2种类型。

1. 油浸纸绝缘电缆

油浸纸绝缘电缆的结构如图3-2(a)所示。芯线1的材质有铜、铝之分,其截面在25mm^{2}以上时,为增加柔度和减小外径,采用多股绞成扇形。芯线的相间绝缘,用松香和矿物油浸渍过的纸带2进行缠绕,相间的空隙衬以麻筋充填物3构成圆形后,再用浸渍过的纸带绕成统包绝缘4。统包层外面包以铅或铝构成的内护芯5以防浸渍油流失和潮气侵入。为了防止内护层遭受腐蚀和受到外护层铠装的损伤,其间衬以沥青纸6和黄麻层7。外护层8是为了增加机械强度而设,用钢丝或钢带叠绕成铠装。为了防止锈蚀铠装,外表再涂以沥青或缠以浸有沥青的黄麻护层。

油浸纸绝缘电缆的耐压强度可达66kV,其截面与其他形式电缆相同时,载流量最高,且热稳定性好,寿命可达30~40年。因此,目前这种电缆应用最广。由于浸渍油具有流动性,当此类电缆敷设高差较大时,其上部的油浸纸干枯,因失油而产生负压,易受潮,绝缘性能变差,加上热阻的增大将致使绝缘焦化而损差;与此同时,在电缆的下部产生的很大静压,使其终端头漏油,维护困难,且增加了故障几率。由此可见,在煤矿竖井或倾斜较大的巷道,不能采用油浸纸绝缘电缆,而应采用油浸纸经过特殊工艺流程而派生出来的干绝缘或不滴流等类型的电缆。

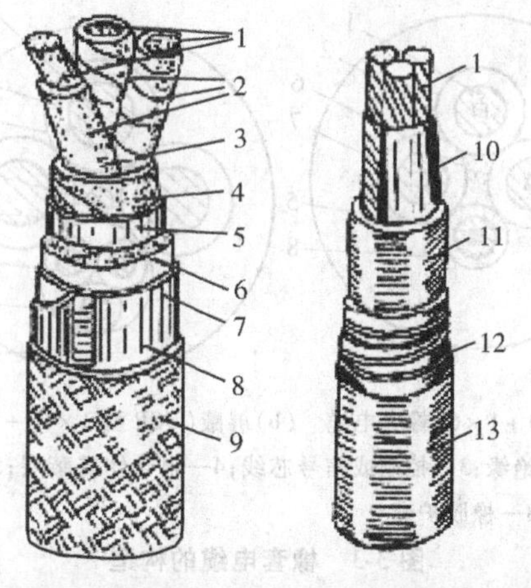

(a)油浸纸绝缘电缆　　(b)塑料绝缘电缆

1—芯线(铜或铝);2—纸带;3—充填物;4—统包绝缘;5—内护芯(铅或铝包);6—沥青纸;7—黄麻层;8—外护层(钢或铠装);9—麻包(外护套);10—交联聚乙烯相绝缘;11—聚氧乙烯内护套;12—外护层(钢或铠装);13—聚氧乙烯外护套

图3-2　铠装电缆

2. 塑料绝缘电缆

塑料绝缘电缆的结构如图 3-2(b)所示。它具有电气性能好、耐水、抗腐蚀、不延燃和制造工艺简单、重量轻、运输方便等特点,并不受敷设高差的限制。

目前生产的塑料电缆有 2 种:一种是绝缘和护套都是聚氯乙烯、电压等级达 6kV,但耐热性能差;另一种是绝缘用交联聚乙烯,护套用聚氯乙烯,它的耐热性能比前一种好,可长时允许温升达 80℃,其电压等级达 35kV。

(二)橡套电缆

橡套电缆主要用于采掘工作面,供移动设备连线。按外护套的材质不同,橡套电缆分为以下几种类型:

(1)可燃型。它的外护套用天然橡胶制成,易燃烧,不宜用于有瓦斯、煤尘爆炸危险的场所。

(2)不延燃型。它的外护套用氯丁橡胶制成,燃烧时能分解出氯化氢气体,使火焰和空气隔绝,能达到不延燃的目的,可用于有瓦斯、煤尘爆炸危险的场所。

(3)加强型。它的外护层内夹有加强层(如帆布、纤维绳、多股镀锌软钢丝等),以提高其机械强度。

按电缆构造的不同,橡套电缆又分为普通橡套电缆和屏蔽橡套电缆 2 类。

1. 普通橡套电缆

普通橡套电缆的构造如图 3-3(a)所示,其芯线采用多股细铜丝绞成,具有足够的柔度。其内部除了 3 条主芯线外,还有 1 条接地芯线和几条控制芯线。每条芯线都包有橡皮绝缘层。

为了便于识别各个芯线,在绝缘层上标有不同的颜色或其他标志。为了保持芯线形状和防止芯线损伤,在芯线之间的空隙处填充有防震芯子,以增加其绝缘性能和机械强度。

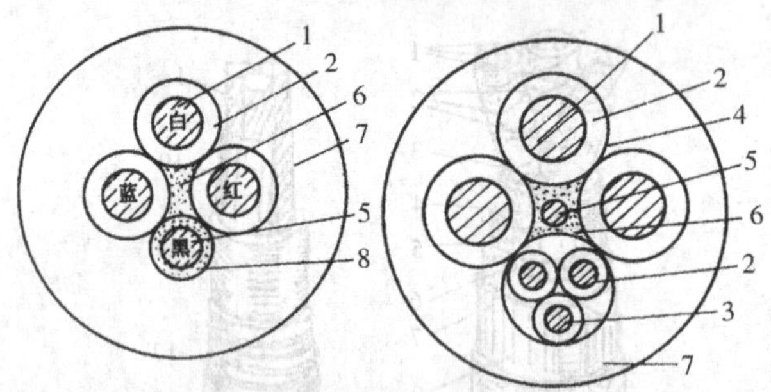

(a)普通(U 型 3×10+1×6)橡套电缆　(b)屏蔽(UCP 型 3×16+1×4+3×2.5)橡套电缆

1—主芯线;2—分相橡皮绝缘;3—控制或信号芯线;4—半导体屏蔽层;5—接地芯线;6—防层橡胶芯子;7—半导体垫芯;8—橡胶护套

图 3-3　橡套电缆的构造

2. 屏蔽橡套电缆

由于橡胶护套的机械强度较低,在受到砸压或其他机械损伤时,常发生相间短路而引起外露电火花,易造成瓦斯、煤尘爆炸和火灾事故。为了防止上述恶性事故的发生,专门生产了带有屏蔽层的橡套电缆,如图 3-3(b)所示。

屏蔽橡套电缆与普通橡套电缆的不同之处是,在主芯线绝缘层外增加一层半导体屏蔽层,而接地芯线直接包有屏蔽层,防震芯子也是用屏蔽材料制成的,屏蔽层使三者连成一个整体。

屏蔽层是用半导体材料制成的,具有一定的导电性能。当屏蔽电缆受到机械损伤时,在未发生相间短路之前,就已使主芯线与接地芯线之间达到绝缘水平,致使漏电保护装置动作,使电源开关跳闸,切除故障,不至于形成严重的相间短路。

6kV 双层屏蔽 UGSP 橡套电缆的构造如图 3-4 所示。主芯线包有具有高导电石墨粉橡套涂层的导电胶布带,能使电场电压均匀分布。由于各相主芯线屏蔽层与接地芯线相连,因此只要主芯线有一相绝缘遭到损坏,其主芯线就会穿过具有导电能力的绝缘层直接接地。

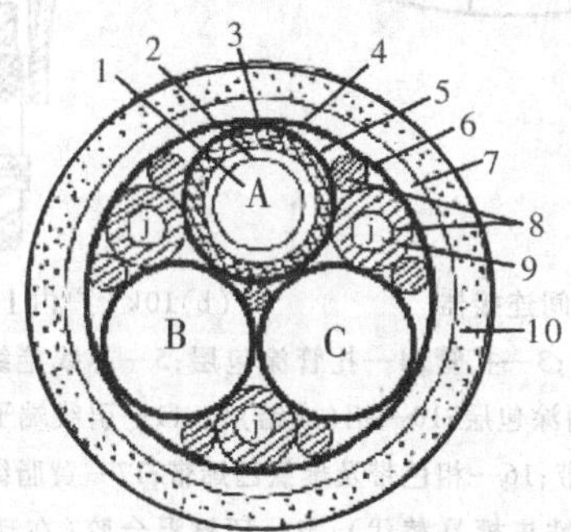

A、B、C—主芯线;j—监视芯线;1、10—铜绞线;2、6—导电胶布带;3—内绝缘;
4、5—铜丝尼龙网的分相绝缘;7—统包绝缘;8—氯丁胶护套;9—导电橡胶

图 3-4　6kV GSP 型高压双屏蔽电缆结构

二、电缆支架、缆夹、电缆连接盒与封端盒

(一)电缆支架

电缆支架是用来支持电缆的,使电缆之间或电缆与建筑物之间保持一定的距离,以利散热及维修,或在电缆出现故障时使非故障电缆不受影响。电缆沟内或结构上的支架多用型钢制成,将电缆固定排放在支架上。用于井下巷道的电缆因经常移动,所以使用金属挂钩将其悬挂在支架上,这样一旦受到冲击力,电缆与吊挂物同时落下,可以避免电缆受到过大的切割力,保护电缆少受损伤。

(二)缆夹

缆夹有“Ⅱ”型、“г”型、“Ω”型和“U”型等,它们与支架相配合,可把电缆牢牢地固定住。

(三)电缆连接盒与封端盒

1. 电缆连接盒

在油浸纸绝缘电缆之间的连接部位,为了防止浸渍油流出和潮气的侵入,应使用连接盒进行连接。10 kV 及以下的电缆有铅封连接盒、浇注沥青的铸铁(或铝)连接盒以及用尼龙、环氧树脂制成的连接盒等。图 3-5(a)所示为环氧树脂连接盒的制成品。

2. 电缆封端盒

封端盒又称终端头,用它将电缆的始、末端封住,可以防止漏油和潮气侵入。电缆封端盒有用沥青浇注的铸铁漏斗型(用于户内)和鼎足型、倒挂型(用于户外)以及用尼龙、环氧树脂制作的用于室内的环氧树脂封端盒，如图 3-5(b)所示。

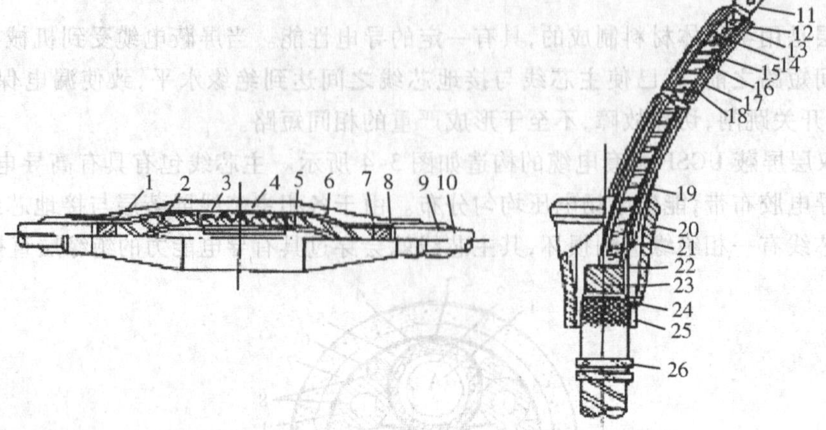

(a)10kV 中间连接器　(b)10kV 户内Ⅰ型针顶盒

1—纸包涂包层；2—三叉口涂包层；3—扎管；4—扎管涂包层；5—芯线绝缘；6—芯线涂包层；7—统包纸；8—半导体纸；9—铝(或铅)包表面涂包层；10—铝(或铅)包；11—引线端子；12—线端子压坑；13—堵油涂料包；14—耐油橡胶管；15—黄脂带；16—相色带及聚氯乙烯带；17—黄脂绸带；18—芯线；19—芯线袖口涂包层；20—预制环氧外壳(也可用铁皮模具替代)；21—环氧混合胶(在现场浇注)；22—统包涂料包心；23—统包部分；24—喇叭口；25—铝(或铅)包打毛；26—接地线夹子

图 3-5　用环氧树脂制作的中间连接盒和封端盒

【任务实施】

一、地面电缆的敷设

1. 路径的选择

路径的选择要考虑下述几个原则：

(1) 敷设路径最短，尽量少拐弯。

(2) 不受阳光直晒，散热条件要好。

(3) 尽量避开穿越铁路、公路以及其他管线等。

(4) 避开规划中的挖土地段。

2. 电缆型号的选择

电缆型号的选择应考虑以下几点：

(1) 除剧烈震动地段外，一般应选用铝芯电缆。

(2) 油浸纸绝缘电缆允许高差：1 ~ 3kV 不大于 15m；6 ~ 10kV 不大于 25m。当高差大于上述规定时，应选用绝缘、不滴流电缆，或聚氯乙烯、交联聚乙烯电缆。

(3) 直埋电缆应采用带有黄麻防护层和塑料的铠装电缆。室内或电缆沟中敷设的电缆应选用钢带铠装电缆。在不会引起机械损伤的场所，也可以选用不带铠装的电缆。

二、井下电缆的敷设

1. 路径的选择

电缆敷设的路径选择应以距离短、安全和便于敷设与维修为基本原则，并遵守下列规定：

(1)在立井井筒处,应靠近梯子间或罐笼;在巷道处,应沿不行人的一侧敷设。

(2)在总回风巷和专用回风巷中不应敷设电缆。在机械提升的进风倾斜井巷(不包括输送机上、下山)和使用木支架的立井进风井筒中敷设电缆时,必须有可靠的安全措施。溜放煤、矸、材料的溜煤道中不准敷设电缆。

2. 电缆型号的选择

各种型号的矿用电缆的使用环境和敷设方式都有一定的要求,使用时应根据不同的环境特征选择,选择的原则主要是安全、经济和施工方便。

表 3-1 电缆的型号及用途

<table>
<tr><th colspan="2">电缆型号</th><th colspan="2">使用场合</th></tr>
<tr><td rowspan="4">铠装电缆</td><td>ZQD30、ZQD50、ZLQD50、VV(四芯)、VLV(四芯)、YJV30、YJV50</td><td>高差不限</td><td rowspan="3">敷设在立井井筒、钻孔以及倾斜度在45°以上的井巷中</td></tr>
<tr><td>ZQP30、ZQP50</td><td>高差在100m以内</td></tr>
<tr><td>ZLQP30、ZLQP50</td><td>高差在允许范围内</td></tr>
<tr><td>ZQ20、ZLQ20、VV20(四芯)、VLV20(四芯)</td><td colspan="2">敷设在倾斜度低于45°的巷道中和硐室内</td></tr>
<tr><td rowspan="3">橡套电缆</td><td>UZ(UZH、UZHF)</td><td colspan="2">井下电钻</td></tr>
<tr><td>U(UHF、UH)、UP</td><td colspan="2">井下各种移动设备</td></tr>
<tr><td>UC(UY)、UCP(UYP、UYPJ)</td><td colspan="2">井下各种采、掘工作面设备</td></tr>
</table>

注:①文字符号含义见表 3-2。②括号内为老型号。

表 3-2 矿用电缆的符号含义

类别	字母顺序	顺序表示	字母数	符号含义
铠装电缆	1	绝缘种类	1	Z—油浸纸绝缘;X—橡胶绝缘;V—聚氯乙烯绝缘;YJ—交联聚乙烯绝缘
	2	导线材料	无或1	L—铝芯;铜芯不表示
	3	内护层	1或2	Q—铅包;L—箔包;HP—非燃性橡胶护套;V—聚氯乙烯
	4	其他特点	1	P—干绝缘;D—不滴流;F—分相铅包
	5	外护层	1	1—麻被护套;2—钢带铠装;0—裸钢带铠装;3—细钢丝铠装;30—裸细钢丝铠装;5—单层粗钢丝铠装;50——裸粗丝铠装
橡套电缆				U—矿用;Z—电钻;Y—移动;J—加强;H—普通型;F—非燃性;C—采、掘设备;P—屏蔽

电缆型号的选择除满足表 3-1 的要求外,选择井下电缆时还应遵守下列规定。

(1)电缆敷设地点的水平差应与规定的电缆允许敷设的水平差相适应。

(2)电缆应带有供保护接地用的足够截面的导体。

(3)严禁采用铝包电缆。

(4)必须采用经检验合格的并取得煤矿矿用产品安全标志的阻燃电缆。

(5)电缆主芯线的截面应满足供电线路负荷的要求。

(6)对于固定敷设的高压电缆,应注意以下几点:

①在立井井筒或倾角为45°及以上的井巷内,应采用聚氯乙烯绝缘粗钢丝铠装聚氯乙烯护套电力电缆、交联聚乙烯绝缘粗钢丝铠装聚氯乙烯护套电力电缆。

②在水平巷道或倾角在45°以下的井巷内,应采用聚氯乙烯绝缘钢带或细钢丝铠装聚氯乙烯护套电力电缆、交联聚乙烯钢带或细钢丝铠装聚氯乙烯护套电力电缆。

③在进风斜井、井底车场及其附近,主变电所至采区变电所之间,可以采用铝芯电缆;其他地点必须采用铜芯电缆。

(7)移动变电站应采用监视型屏蔽橡套电缆。

(8)固定敷设的低压动力电缆,应采用MVV铠装电缆或非铠装电缆或对应电压等级的移动橡套软电缆。

(9)非固定敷设的高、低压电缆,必须采用符合MT818标准的橡套软电缆。移动式和手持式电气设备都应使用专用橡套电缆。

(10)1140V设备使用的电缆必须用带有分相屏蔽的橡套绝缘屏蔽电缆;采掘工作面中660V或380V设备,应使用带有分相屏蔽的橡套绝缘屏蔽电缆。

(11)固定敷设的照明、通信、信号和控制用的电缆,应采用铠装或非铠装通讯电缆、橡套电缆和矿用塑料电缆。

(12)低压电缆不应采用铝芯,采区低压电缆严禁采用铝芯。

在满足上述规定的条件下,为了节省铜材,可尽量选用铝芯铠装电缆。对于钢丝铠装电缆,由于其耐拉力强,所以多用于立井井筒或急倾斜巷道中;而钢带铠装电缆多用于水平巷道或缓倾斜巷道中。

3. 电缆敷设要点

敷设电缆(与手持式或移动式设备连接的电缆除外)应遵守以下规定:

(1)电缆必须悬挂。

①在水平巷道或倾角在30°以下的井巷中,电缆应用吊钩悬挂。

②在立井井筒或倾角在30°及以上的井巷中,电缆应用夹子、卡箍或其他夹持装置进行敷设。夹持装置应能承受电缆质量,并不得损伤电缆。

(2)水平巷道或倾斜井巷中悬挂的电缆应有适当的弛度,并能在意外受力时自由坠落。其悬挂高度应保证电缆在矿车掉道时不受撞击,在电缆坠落时不落在轨道或输送机上。

(3)电缆悬挂点的间距,在水平巷道或倾斜井巷内不得超过3m,在立井井筒内不得超过6m。

(4)沿钻孔敷设的电缆必须绑紧在钢丝绳上,钻孔必须加装套管。

(5)电缆不应悬挂在风管或水管上,不得遭受淋水。电缆上严禁悬挂任何物件。电缆与压风管、供水管在巷道同一侧敷设时,必须敷设在管子的上方并保持0.3m以上的距离。在有瓦斯抽放管路的巷道内,电缆(包括通讯、信号电缆)必须与瓦斯抽放管路分挂在巷道的两侧。盘圆形或盘“8”形的电缆不得带电,但给采掘机组供电的电缆不受此限。

井筒和巷道内的通讯和信号电缆应与电力电缆分挂在井巷的两侧,如果受条件所限,则在井筒内，应敷设在距电力电缆 0.3m 以外的地方；在巷道内，应敷设在电力电缆上方 0.1m 以上的地方。

高、低压电力电缆敷设在巷道同一侧时，高、低压电缆之间的距离应大于 0.1m。高压电缆之间、低压电缆之间的距离不得小于 50mm。

对于井下巷道内的电缆，沿线每隔一定距离、拐弯或分支点以及连接不同直径电缆的接线盒两端、穿墙电缆的墙两边，都应设置注有标号、用途、电压和截面的标志牌。

(6)立井井筒中所用的电缆中间不得有接头；因井筒太深需设接头时，应将接头设在中间水平巷道内。运行中因故需要增设接头而又无中间水平巷道可利用的，可在井筒中设置接线盒，接线盒应放置在托架上，不应使接头承力。

(7)电缆穿过墙壁的部分应用套管保护，并严密封堵管口。

(8)电缆的连接应符合下列要求：

①电缆与电气设备的连接，必须用与电气设备性能相符的接线盒。电缆线芯必须使用齿形压线板(卡爪)或线鼻子与电气设备进行连接。

②不同型电缆之间严禁直接连接，必须使用符合要求的接线盒、连接器或母线盒进行连接。

③同型电缆之间直接连接时必须遵守下列规定：橡套电缆的修补连接(包括绝缘、护套已损坏的橡套电缆的修补)必须采用阻燃材料进行硫化热补或与热补有同等效能的冷补。在地面热补或冷补后的橡套电缆，必须经浸水耐压试验合格后方可下井使用。在井下冷补的电缆必须定期进行升井试验。塑料电缆连接处的机械强度以及电气、防潮密封、抗老化等性能，应符合该型矿用电缆的技术标准。

4. 电缆长度的确定

由于电缆都有一定的柔性，在敷设悬挂时必然有一定的悬垂度，因此，选择电缆的实际长度为：

$$L_o = KL$$

式中　L_o——电缆的实际长度；

L——敷设长度，单位：m；

K——增长系数，橡套电缆 $K = 1.1$，铠装电缆 $K = 1.05$。

为了便于安装维护，当电缆中间有接头时，应在电缆两端头处各增加 3m。

5. 电缆芯数的确定

井下所用电缆，不论其芯数为多少，都必须有足够的导电截面，以供保护接地之用。对于油浸纸绝缘的铠装电缆，一般场合选 3 芯即可，电缆的外皮铅包可用作接地线。

对于橡套电缆可分 2 种情况：

(1)当设备的控制按钮不在工作机械上时，如带式输送机、回柱绞车等，可选用 4 芯电缆，其中 3 芯为主芯线，另 1 芯(一般为较细者)作为接地线。

(2)对于控制按钮装在工作机械上的移动设备，如采煤机、装煤机等，可选用 6 芯电缆，其中，将截面较小的 1 芯作地线。对某些采煤机组，可根据具体要求选用 7 ~ 11 芯的电缆，但必须有 1 芯线作为专用地线。

三、电缆的常见故障

1. 电缆故障种类

电力电缆故障是由于电缆的绝缘损坏而引起的。故障的类型大体上分为两大类：低阻的短路、开路(断路)故障；高阻的泄漏故障和闪络性故障。

2. 电缆着火

电缆容易着火的主要原因是电缆本身具有可燃性。防止矿用橡套电缆着火的措施有：

(1)必须采用合格的矿用不延燃橡套电缆。

(2)必须有继电保护，其整定参数必须符合要求。

(3)采用带有漏电闭锁和短路闭锁的开关，防止强行送电。

(4)保证电缆热补的质量。

(5)电缆的悬挂要符合《煤矿安全规程》要求。

(6)避免外力打击电缆。

(7)开关在电缆短路跳闸后，在查明原因前不得反复强行送电。

3. 电缆故障的寻找方法

电缆常见的故障一般有一相对地短路和断芯线。一相对地短路的故障可由检漏继电器检测出来，断芯线的故障则可由兆欧表或试电笔来测定。故障点的查寻，首先应根据具体情况找出可疑区域，然后进一步确定其故障点。测定故障区最好分段进行，铠装电缆故障区多半在受碰撞或者挤压处，橡套电缆最容易发生故障的区域为电缆入口处、遭到砸压及受拉力处。有断线的橡套电缆如果在可疑点拉伸，会出现电缆不均匀伸长现象，可由此来判定故障点。如果是一相对地故障，应找出橡套破口处或者滴水处，用试电笔检查是否漏电。

【思考与练习】

1. 煤矿常用的电缆有哪几种？各用于什么场合？为什么油浸纸绝缘电缆的敷设高差受限制？为什么井下禁止使用铝包电缆？

2. 屏蔽电缆与普通电缆有何不同？为什么屏蔽电缆能防止短路时的外露电火花？

3. 电缆的型号由哪几部分组成？各表示什么含义？

4. 井下电缆在敷设时要注意哪些问题？

项目四　成套配电装置检修与维护

【知识点】

☐了解高压成套配电装置的型号含义及用途。

☐熟悉高压成套配电装置的结构及连锁装置。

☐了解高压成套配电装置的电气原理。

【能力点】

☐能够操作高、低压成套配电装置。

☐能对高压成套配电装置进行维护。

☐能分析简单的故障现象。

【任务描述】

成套配电装置是根据不同的要求,将各类开关电器、测量仪表、保护装置及相应的辅助设备按一定方式组装在统一规格的箱体内,组成一套完整的配电设备。成套配电装置也称为开关柜,主要用于接收和分配电能,并具有对电路和设备进行控制、保护、监测等功能。这种设备具有操作安全、维护方便、占地面积小、施工安装快等特点。

【任务分析】

成套配电装置中的电路可分为一次回路和二次回路(也称为一次接线方案和二次接线方案):一次回路是指由主电路中的各种开关电器、互感器等元器件构成的回路;二次回路是指由测量、保护、信号等装置构成的电路。根据一次回路、二次回路所用的元器件和接线方式的不同,可组成不同功能、不同特点的成套配电装置。

【相关知识】

一、高压成套配电装置的分类及型号

高压成套配电装置是一种金属封闭式开关设备,其内部由多个隔间组成。按隔间形式的不同,高压开关柜分为铣装式、间隔式和箱体式 3 种。其中,铣装式开关柜的隔间是由接地的金属板隔离而形成;间隔式开关柜隔间之间是用 1 个或多个非金属材料隔板隔离;箱体开关柜是一种结构简单、隔间较少的成套配电装置。

高压成套配电设备按使用条件可分为户内式和户外式 2 种;按结构特点可分为固定式和移开式 2 类。

高压成套配电装置的型号及其含义如图 4-1 所示。

高压成套配电装置的型号及其含义如下:

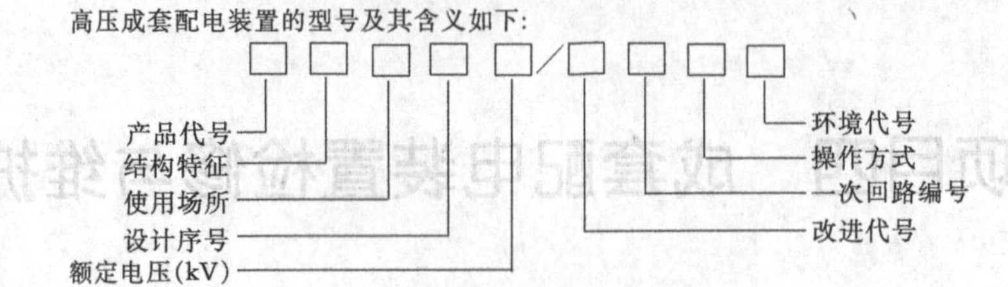

图 4-1　高压成套配电装置的型号及其含义

字母表示的含义:

产品代号:K——金属封闭铠装式;J——金属封闭间隔式;X——金属封闭箱体式。

结构特征:G——固定式;Y——移开式。

使用场所:N——户内式;W——户外式。

改进代号:A——第一次改进;B——第二次改进。

操作方式:S——手动;D——电磁;T——弹簧;Z——重锤;Q——气动;Y——液压。

环境代号:(TH)——温热带;(TA)——干热带;(G)——高海拔;(H)——高寒地区;(F)——用于化学腐蚀的场所。

二、移开式高压配电柜

移开式高压配电柜的特点是将配电柜中的断路器、电压互感器、避雷器等需要经常检修的电器元件安装在带有滚轮的小车上。小车可以从开关柜的箱体中拉出来,进行设备检修或整体更换。所以这种设备具有结构简单、使用维修方便等优点。

移开式高压配电柜的基本结构如图 4-2 所示。配电柜的箱体是全封闭结构,采用钢板弯制、焊接而成,它由手车室、电缆室、母线室和继电器仪表室四部分组成。

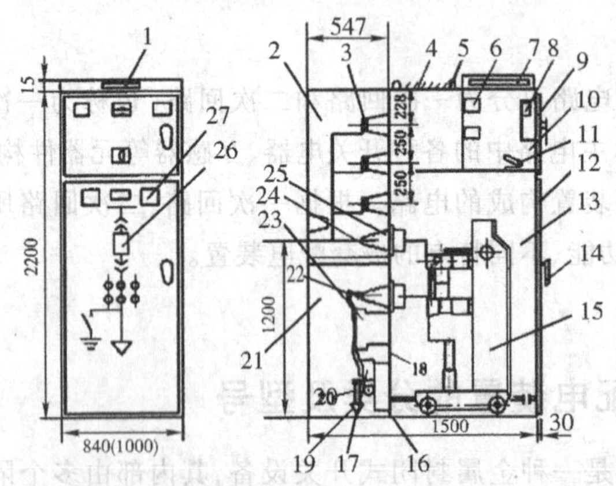

1—铭牌;2—主母线室;3—主母线及绝缘子;4—盖板;5—起重吊环;6—各种继电器;7—小母线室;8—各种电度表;9—仪表室门;10—二次仪表室;11—接线端子排;12—手车室门;13—手车室;14—门牌;15—真空断路器手车;16—接地主母线;17—接地开关;18—隔板;19—电缆夹;20—电缆;21—电缆室;22—下静触头;23—电流互感器;24—上静触头;25—触头盒;26—一次接线标志;27—观察窗

图 4-2　移开式高压配电柜结构图

1. 手车室

手车室位于高压配电柜前面的下部,主要用于放置手车。手车架由角钢和钢板焊接而成。根据成套配电装置的功能，手车上可分别装设各种断路器、电压互感器、避雷器、变压器、电容器等构成不同类型的配电柜，且同类型规格的手车还可以互换使用。本配电柜手车上装有真空断路器，故构成高压开关柜。

手车室门上装有观察窗，并标有该配电柜的一次接线标志图。手车室内设有照明灯，通过观察窗可监视断路器的工作情况。手车室门上还设置手车定位旋钮及其位置指示标牌（图 4-2 中未画出）。当转动带锁扣的旋钮时，可将手车分别锁定在工作位置、试验位置和断开位置，同时还在面板上显示出相应的位置。另外，门上还设有紧急分闸装置及分、合闸位置指示器，以反映断路器的工作状态。

手车底部设有接地触头和 4 个滚轮。接地触头通过导向装置可随手车的推进或拉出分别与主接地母线断开或接通。手车可通过 4 个滚轮沿室内底部设置的导轨移动。另外在手车下面还装设 1 个万向滚轮，当手车拉出门外时，万向滚轮可使车底的 2 个前轮搁空，并与 2 个后轮配合在开关柜外灵活移动。

手车在工作位置时，开关柜的一、二次回路均被接通；手车在试验位置时，开关柜的一次主回路断开，二次回路接通；手车在断开位置时，开关的一、二次回路全部断开，但手车与柜体仍保持机械连接。

手车室后壁装有带隔离静触头的 2 组触头盒，在触头盒出口处设有随手车推进、拉出而开启、关闭的 2 组接地帘门，但检修隔离静触头时，上下 2 组帘门可分别打开。在手车底部的两侧装有手车定位板、手车推进轨迹板及手车连锁机构等，用以实现高压开关柜“五防”。

2. 母线室与电缆室

母线室设在开关柜后部的上方。在母线室的金属隔板上装有套管绝缘子，并装有母线和隔离静触头。母线室采用密封式结构，具有不易积尘、不易短路的特点。

电缆室设在母线室下方，内部装有电流互感器、下静触头、接地母线及接地静触头、接地开关、电缆盒固定架等。手车上的接地触头与电缆室的接地静触头接通后，形成高压开关柜的接地系统。

3. 继电器仪表室

继电器仪表室通过减振装置设在高压开关柜前部的上方，以防止由于柜体震动而引起二次回路元件的误动作。仪表室正面的仪表门上装有各种指示仪表、信号灯及指示器等。仪表室上部为小母线室，底部及室壁上装有各种继电器和接线端子排，二次控制电缆可通过手车室一侧引入仪表室。

不同型号的高压配电装置是由不同的设备和元器件组合而成。根据配电装置用途和接线方式的不同，各种型号的高压配电装置都有不同编号的系列产品。

三、固定式高压配电柜

固定式高压配电柜金属外壳的框架是用角铁与钢板弯制焊接而成，柜内用金属隔板或绝缘材料隔板将内部分成母线室、断路器室、操作机构室和继电器仪表室等几部分。其基本结构如图 4-3 所示。

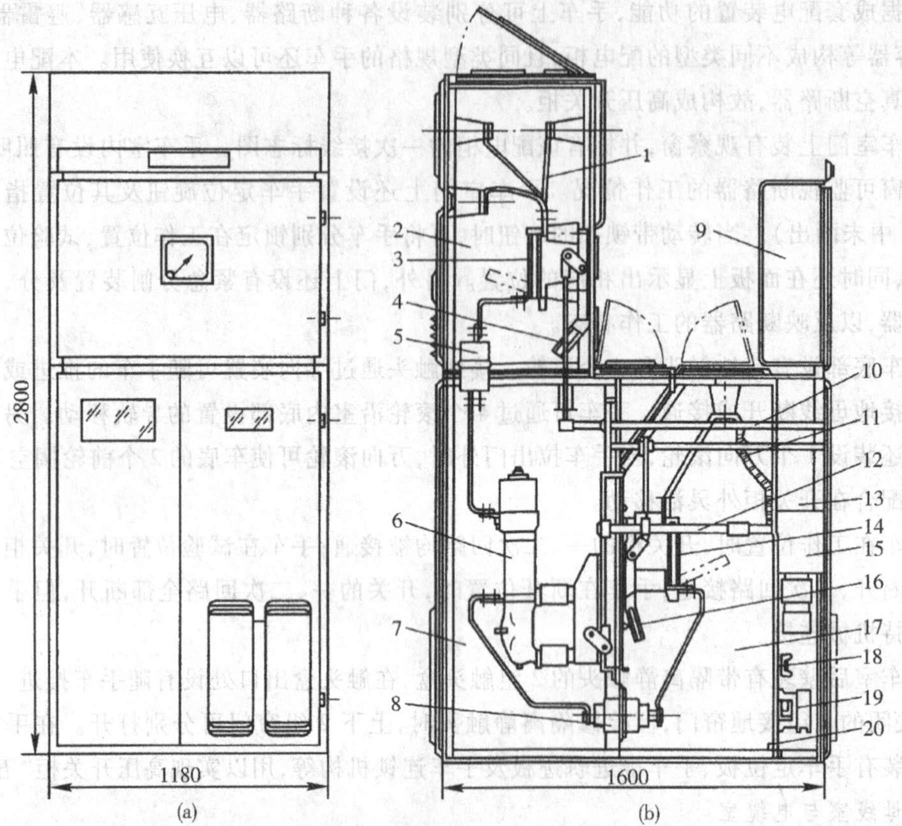

1—母线；2—母线室；3—上隔离开关；4—接地开关；5—套管绝缘子；6—断路器；7—断路器室；8—电流互感器；9—继电器室；10—上隔离开关操作轴；11—下隔离开关操作轴；12—断路器操作轴；13—操作机构室；14—下隔离开关；15—断路器操作机构；16—接地开关；17—电缆室；18—熔断器；19—合闸接触器；20—接地母线

图 4-3　固定式高压配电柜的外形结构

由于这种配电装置中的各种元器件均固定安装在柜内的间隔室中，故称其为固定式配电柜。

该装置的母线室设在柜体后部的上方，室内除装有绝缘瓷瓶和主母线外，还装有隔离开关和接地开关。柜体后部的下方是断路器室，断路器通过操作轴与操作机构室相连。当断路器室装设断路器时，室内还设有压力释放通道，以便在油断路器灭弧时，气体可经排气通道释放。

电缆室设在配电柜下部的中间，本室除用于电缆连接外，内部还装有电流互感器、下隔离开关、接地开关和主接地母线。

配电柜下部的前方为操作机构室，内部装有断路器操作机构、隔离开关操作机构、合闸接触器、熔断器及各种闭锁装置。

继电器仪表室设在柜体前面的上部，室内装有各种继电器、安装板、接线端子等，各种指示仪表、操作开关、信号按钮等(图 4-3 中未画出)均安装在仪表室门上。

【任务实施】

高压成套配电装置的操作。

一、高压成套配电装置具有的“五防”作用

1. 防止对断路器的误操作。

2. 防止带负荷分、合隔离开关。

3. 防止带电挂接地线。

4. 防止带地线合闸。

5. 防止误入带电间隔。

二、连锁装置

为实现“五防”,高压开关柜设有以下连锁装置。

1. 在手车室门上装有位置指示的机械闭锁,用以保证只有在断路器处在分闸位置时,手车才能拉出或推入,防止了带电操作隔离触头(开关)。

2. 在断路器与接地开关之间装有机械连锁,保证在断路器分闸、手车拉出后,接地开关才能合闸,防止了带电挂接地线。

3. 断路器与接地开关之间的机械连锁,还可保证接地开关接地后,手车只能推至试验位置而不能推向工作位置,防止了带地线合闸。

4. 在开关柜后面的上、下门之间装设闭锁装置,保证开关柜只能先停电、手车拉出、接地开关接地后,才能打开柜体后面的下门,然后再打开上门;送电时,只有先关闭柜后的上门、再关闭下门以后,接地开关才能分闸,手车才能推到工作位置,防止了误入带电间隔。

5. 高压开关柜前门上设有带钥匙的控制开关(或防误型插座),防止了对断路器的误操作。

三、实习操作

根据以上学习,安排学生对高压成套配电装置进行停、送电操作。

四、操作注意事项

1. 对高压成套配电装置进行停、送电操作时应严格遵守操作规程。

2. 应在老师的指导下操作。

3. 注意人身安全。

五、归纳总结

成套配电装置是根据不同的要求,将各类开关电器、测量仪表、保护装置及相应的辅助设备按一定方式组装在统一规格的箱体内,组成一套完整的配电设备。

高压成套配电装置也称高压开关柜,主要用于接收和分配电能,并具有对电路和设备进行控制、保护等功能,特别是具有“五防”作用。

【思考与练习】

1. 什么是成套配电装置?

2. 成套配电装置的作用有哪些?

3. 高压开关柜有哪“五防”功能?

4. 高压开关柜有哪些联锁装置?

项目五　矿用隔爆高压真空配电装置

任务一　BGP9L-6G 型矿用隔爆高压真空配电装置

【知识点】

□了解 BGP9L-6G 型矿用隔爆高压真空配电装置的型号含义及用途。

□熟悉 BGP9L-6G 型矿用隔爆高压真空配电装置的结构及连锁装置。

□了解 BGP9L-6G 型矿用隔爆高压真空配电装置的电气原理。

【能力点】

□熟练掌握主回路接线方案。

□掌握 BGP9L-6G 型矿用隔爆高压真空配电装置的调试、安装、操作及使用注意事项。

□能分析简单的故障现象。

【任务描述】

常用的隔爆配电装置有 PB2-6 型、PB3-6G 型与 BGP 系列隔爆真空高压配电装置等。如图 5-1 所示为 BGP9L-6G 型高压真空配电装置的外形图。

图 5-1　BGP9L-6G 型高压真空配电装置的外形

【任务分析】

矿用隔爆型高压配电装置适用于所有采区变电所或有瓦斯喷出的井底车场变电所，该装置作为配电开关或用来控制高压电动机，具有绝缘监视、接地、漏电、过载、短路、欠电压及过电压等保护性能。

【相关知识】

一、型号含义及用途

1. 型号含义

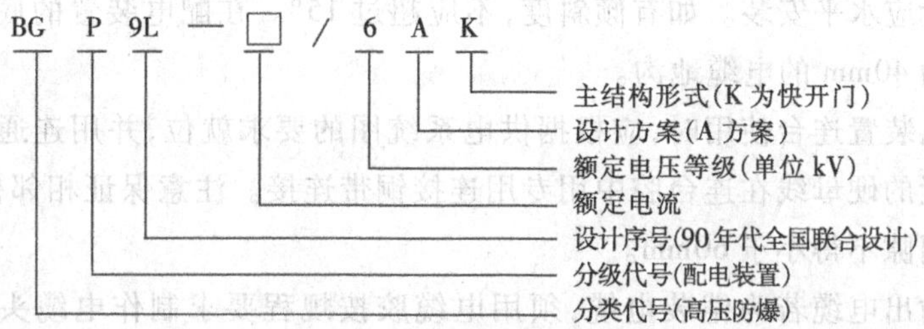

图 5-2 型号含义

2. 用途

BGP9L-6G 型矿用隔爆高压真空配电装置主要用于具有爆炸性危险气体(甲烷混合物)的煤矿井下,对额定电压 6kV、额定频率 50Hz、额定电流为 630A 的三相交流中性点不直接接地的供电系统进行控制、保护和测量,并可用于直接启动高压电动机。

二、调试、安装、操作及使用注意事项

1. 打开门盖的程序:

(1)将隔离插销连锁柄置于“分”位置。

(2)安装好隔离插销操作手柄,向后扳到极限位置。

(3)松动门盖活节螺栓(10 个),将活节螺栓压板拨开,用手拉开门盖。

2. 抽出机芯的程序如下:

(1)用手拨开进线插头和机座的锁扣,使插头和机座脱离。

(2)从底架上抽出辅助导轨,打开并使之与前腔导轨可靠挂接。

(3)手拉机芯,将其放置于辅助导轨上。

3. 检查各电气元件,绝缘件应无损伤,各紧固件应无松动,各导线应连接可靠,各防爆面应无锈蚀,箱体各腔内应清洁、干燥。如发现电器元件损坏、紧固件松动或导线连接不可靠,应及时处理。

4. 配电装置在下井安装前,应进行以下试验:

(1)绝缘水平试验。

①使用 2500V 摇表进行测试,一次对地、相间电阻均应大于或等于 200MΩ。摇测前要将电压互感器零点拆开,或拆除一次接线。

②在试验以前,要将三相电压互感器、压敏电阻器的高压引线从高压主回路中拆除,将高压综合保护装置从插座上拔出。

③在高压主回路的相间、每相导体对地、真空断路器灭弧室的触头断口之间施加 23kV 工频电压,在隔离插销断口间施加 26kV 工频电压,二次回路对地施加 2kV 工频电压,历时

1min 应无击穿和闪络现象。

(2)三相 6kV 通电试验首先将配电装置一切元器件、电路恢复正常，把三相 6kV 电源从配套电装置的电源接线腔引入送电。然后对各种电气元件的工作情况、综合保护装置的工作情况逐一进行试验，确保其正常工作。

5. 配电装置应水平安装。如有倾斜度，不应超过 15°。在配电装置的底架下，最好设有宽度和深度约为 40mm 的电缆地沟。

6. 多台配电装置连台使用时，应根据供电系统图的要求就位，并用连通节连接起来，相邻两台配电装置的硬母线在连台腔中用专用连接铜带连接。注意保证相邻裸露铜带及铜带与外壳的电气间隙不得小于 60mm。

7. 输入和输出电缆若为铠装电缆，须用电缆胶按规程要求制作电缆头；若为橡套电缆头，须用压盘将密封圈压紧并达到隔爆要求。电缆头制作完毕后，应当用兆欧表(2500V)检验，确认制作质量合格后，方可将电缆接入配电装置的接线柱上。

8. 安装接线工作完成后，各台配电装置应根据用户实际需求对高压综合保护器的各项技术参数进行整定。

9. 关闭箱门和各盖板，检查各处的隔爆间隙，使之必须符合规程要求。

10. 按停送电程序的要求给每台配电装置停送电，并逐一观察配电装置停送电后能否正常工作。发现异常现象，应立即停电、检查、处理。

(1)送电程序如下：

①隔离插销插合到位。

②隔离连锁柄置于“合”位置。

③真空断路器手动或电动合闸。

(2)停电程序如下：

①真空断路器手动或电动分闸。

②隔离连锁柄置于“分”位置。

③隔离插销分闸到位。

11. 日常保养：

(1)配电装置带电正常运行中，每隔半年应检查各隔爆结合面，若发现锈斑，须用 0 号砂布把锈斑打磨干净，并进行防锈处理。

(2)配电装置在井下停电 1 周以上时，在送电前应当检查各电器元件是否有因受潮而引起绝缘电阻不合格的情况。

(3)配电装置正常运行中，每年应对压敏电阻器进行一次预防性试验。

【任务实施】

一、实习内容及步骤

1. 了解上述高压配电箱的结构特征及主要元件的作用。

2. 熟悉并理解各配电箱的电气性能及电气工作原理。

3. 按上述内容进行配电箱的拆卸抽芯检查及组装操作。

4. 进行配电箱的接线练习。

5. 接通电源进行合闸和利用试验按钮进行各保护电路的模拟试验操作。

6. 掌握正确的分闸和停送电方法。遵守操作规程,做好实习操作记录。

二、安全注意事项

1. 必须在实习教师指导下进行拆卸和装配操作。

2. 拆下的零部件要放入备用容器中,以防丢失。

3. 打开隔爆端盖时要保证隔爆面的完整性,不应有机械创伤。要对隔爆面采用防锈措施,使用的防锈油的油脂要干净、无杂质。

4. 各部件的拆装要按联锁装置的要求顺序进行,不准硬扳、硬折,以免损坏元件。

5. 正确使用拆卸工具,以防人身碰伤和其他事故的发生。

6. 遵守操作规程,按完好标准进行装配。

三、考核项目及评分标准

考核项目	配分	评分标准	得分
拆装步骤	20	错一步扣 5 分	
元件检查	10	错一项扣 5 分	
保护电路试验	20	方法不对每项扣 5 分	
测量绝缘电阻	20	测错一项扣 5 分	
掌握电气原理	20	错一处扣 5 分	
分合闸操作	10	错一项扣 5 分	
安全文明生产实习		每违反一项扣 5 分,发生事故不得分	
总　分			

【思考与练习】

1. BGP9L-6G 型矿用隔爆高压真空配电装置的用途是什么?说明其型号含义。

2. BGP9L-6G 型矿用隔爆高压真空配电装置的主要电气元件有哪些?说明各主要电气元件的作用。

3. 简述“打开门盖”和“抽出机芯”的操作顺序。

任务二 BGP-630/6 型矿用隔爆高压真空配电装置

【知识点】

□了解 BGP-630/6 型矿用隔爆高压真空配电装置的型号含义及用途。

□熟悉 BGP-630/6 型矿用隔爆高压真空配电装置的结构及连锁装置。

□了解 BGP-630/6 型矿用隔爆高压真空配电装置的电气原理。

【能力点】

□熟练掌握主回路接线方案。

□掌握 BGP-630/6 型矿用隔爆高压真空配电装置的调试、安装、操作及使用注意事项。

□能分析简单的故障现象。

【相关知识】

一、概述

1. BGP-630/6 型矿用隔爆高压真空配电装置适用于具有瓦斯和煤尘爆炸危险的煤矿井下,在额定电压 6kV、额定频率 50Hz 的三相交流中性点不直接接地的供电系统进行控制、保护和测量,可作配电开关,也可直接启动电机。

2. 本装置选用的电脑程控高压综保,对电网二次交流信号不加任何变形和修饰,直接高速采样,对每组信号进行幅度、陡度、频度的计量,对信号的形状、频率、相位、强度、谐波量进行判别和测算;识别并剔除干扰,甄别并检出偶然,然后对需控量进行监视、分析、统计和判断;可信度、可靠度高于一般模拟量综保,并带有通讯接口,与北京安华顺诚电子工程有限公司的 KJ85 煤矿供电远程测控系统连接,可遥测、遥控、遥调。

3. 电脑综保对电网电压、负载电流有显示功能、自检功能、判别故障性质功能及长期记忆功能。

二、型号及含义

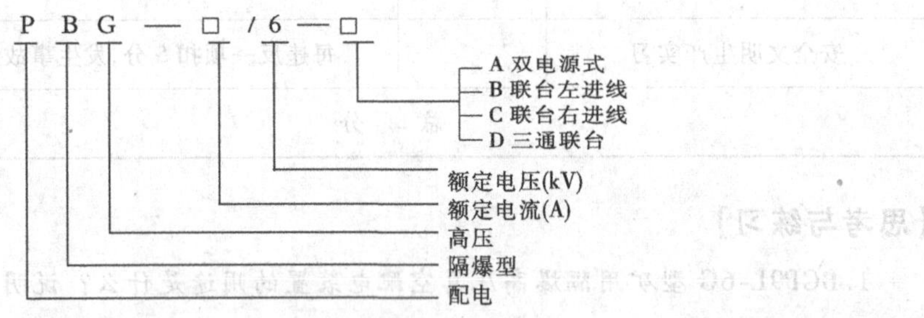

图 5-3 型号及含义

1. 隔爆型式:矿用隔爆型。

2. 隔爆标志:ExdI。

三、主要技术参数

1. 额定工作电压:6kV;最高工作电压:7.2kV。

2. 额定频率:50Hz。

3. 额定电流:50、100、200、315、400、500、630A。

注意:高爆装置的额定工作电流是按电流互感器一次电流分档的;高爆装置的真空断路器均采用630A的真空断路器。

4. 额定短路开断电流:12.5kA(有效值)。

5. 额定短路关合电流:31.5kA(峰值)。

6. 每相主回路电阻:小于300μΩ。

7. 额定操作电压:100V(交流)。

8. 真空断路器机械寿命:10000次。

9. 真空断路器电寿命:8000次。

10. 隔离小车触头机械寿命:2000次。

11. 额定短路电流开断次数:30次。

12. 固有分闸时间:小于50ms。

13. 合闸速度:0.4~1m/s。

14. 分闸速度:0.8~1.5m/s。

15. 合闸弹跳:不大于3ms。

16. 三相触头分、合闸不同期性:不大于2ms。

17. 真空管主触头开距:630A真空管(10±1)mm。

18. 真空管主触头超行程:630A真空管(3±1)mm。

19. 额定绝缘水平,见表5-1。

表5-1 额定绝缘水平

1min工频耐受电压(有效值)			标准雷电冲击全波(峰值)	
对地,相间 断路器断口间	隔离开关 断口间	二次回路对地	对地,相间 断路器断口间	隔离开关 断口间
30kV	34kV	2kV	60kV	70kV

20. 配用LMZ-6型母线式双绕组电流互感器技术数据见表5-2。

表5-2 LMZ-6型母线式双绕组电流互感器技术数据

额定一次电流(A)	50,100,200,315,400,500、630	
额定二次电流(A)	5	
额定二次负荷	A组(信号源绕组)	B组(电流源绕组)
	3.75	5.0
准确级次	3级	10P级

注:①A组为信号源绕组供计量;B组为电流源绕组供综保作继电保护。②在额定二次负荷下,允许在1.1倍额定电流下长期运行。③供继电保护的B组电流源绕组,在当外接负载cos=0.8时,10%的误差特性曲线的倍数不小于10倍。

21. 配用JSZW2-6型三相五柱电压互感器技术数据见表5-3。

表 5-3　JSZW2-6 型三相五柱电压互感器技术数据

额定电压(V)			每相额定容量及准确级次			每相最大容量
一次	基本二次	辅助二次	30VA	50VA	100VA	200VA
$6000/\sqrt{3}$	$100/\sqrt{3}$	100/3	0.5 级	1 级	3 级	

22. 过压吸收：选用的氧化锌压敏电阻为七九九厂生产的 MYGK-6KV/5KA，作配电用时，其压敏值小于额定相电压峰值的 3.5 倍；作控制电动机用时，其压敏值小于额定相电压峰值的 2.5 倍，断流能力为 5kA。

四、功能与特点

1. 电脑综保直接对电压、电流互感器二次进行采样检测，通过数据处理直接显示电网电压及负载电流。为防闪烁，其显示值取 1.5s 平均值作显示，误差为 ±5%。电脑综保的额定工作电压为交流 100V。当综保输入电压在 +20% 至 -50% 之间时仍能可靠工作。

2. 对高压真空断路器负载侧出现的短路故障，进行速断保护。

3. 对高压真空断路器负载侧出现的持续过载，实施反时限保护。

4. 当高压真空断路器负载侧出现断续过载时，利用过载出现和过载终止时的热积累与热发散的关系进行运算，实施反时限保护。热发散系数可由用户来定。

5. 对高压真空断路器负载侧使用的双屏蔽电缆进行绝缘监视，实行超前保护。

6. 对进线电压不足额定值的 65% 时进行欠电压保护，与失压电磁铁在额定电压 35% 时动作构成双重保护。若对电动机单独进行保护，低电压动作值和延时值可根据用户要求设定来制造。

7. 采用零序功率方向型的漏电保护方式，对漏电故障的设备进行有选择的保护。

8. 当进线电压超过额定值的 118% 时进行过电保护。

9. 电脑综保有自检功能、闭锁功能、显示故障性质功能，在掉闸断电后对故障性质有记忆功能。

10. 具备通讯功能，与工控机连接可实现群控。

11. 电脑综保的主要技术参数。

(1) 短路保护：整定电流分 8 挡可调，标称值分别为开关额定工作电流(电流互感器的一次电流)的倍数，有 1.6 倍、2.0 倍、3.0 倍、4.0 倍、5.0 倍、6.0 倍、8.0 倍、10.0 倍。短路保护动作时间：从短路信号出现至确认无误后，发出保护指令小于 0.1s，误差为 ±8%。

(2) 过载保护：整定电流分 8 挡可调，标称值分别为开关额定工作电流的倍数(即电流互感器的一次电流的倍数)，有 0.2 倍、0.3 倍、0.4 倍、0.6 倍、0.8 倍、1.0 倍、1.2 倍、1.4 倍。负载电流超过额定电流标称值的整定倍数时，实施反时限保护，误差小于 ±8%。过载保护的动作时间由波段开关分 8 挡选择。过电流值的大小和动作时间成反时限特性，见表 5-4。

表5-4　延时动作时间表

过载电流整定值 电流互感器一次电流值(A) \ 延时动作时间(s) \ 挡位	1	2	3	4	5	6	7	8
0.2(倍)	2.50	25.0	35.0	50.0	70.0	100.0	140.0	200.0
0.3(倍)	1.67	16.7	23.3	33.3	46.7	66.7	93.3	133.3
0.4(倍)	1.25	12.5	17.5	25.0	35.0	50.0	70.0	100.0
0.6(倍)	0.83	8.30	11.7	16.7	23.3	33.3	46.7	66.7
0.8(倍)	0.63	6.30	8.80	12.5	17.5	25.0	35.0	50.0
1.0(倍)	0.50	5.0	7.0	10.0	14.0	20.0	28.0	40.0
1.2(倍)	0.42	4.2	5.8	8.30	11.7	16.7	23.0	33.3
1.4(倍)	0.36	3.6	5.0	7.1	10.0	14.3	20.0	28.6

(3)漏电保护。

①零序电流整定值分7挡可调,一次零序电流标称值为0.5A、1.0A、2.0A、3.0A、4.0A、5.0A、6.0A。误差不超±8%。

②零序电压整定值分6挡可调,二次零序电压标称值为3.0V、5.0V、10.0V、15.0V、20.0V、25.0V。误差不超±8%。

③漏电保护延时动作分8挡可调,标称值有0.1s、0.2s、0.3s、0.5s、0.7s、1.0s、1.5s、2.0s。

(4)绝缘监视。

①当双屏蔽电缆的屏蔽芯线与屏蔽地线之间的绝缘电阻 rd 降低到 $rd<3\text{k}\Omega$ 时,综保应可靠动作。当 $rd>5.5\text{k}\Omega$ 时,综保不允许动作。

②当双屏蔽电缆的屏蔽芯线与屏蔽地线间的回路电阻 rk 增大到 $rk>1.5\text{k}\Omega$ 时综保应可靠动作。当 $rd<0.8\text{k}\Omega$ 时,综保不允许动作。绝缘监视保护动作时间小于0.1s。

③综保采用SDZB-W6.3B时为液晶汉显,双向通讯,外接KJ85检测系统,可通过"KJF40煤矿供电远程测控系统监控分站"进行井上与井下的通讯,实现对高压开关的遥测、遥控遥调功能。

④SDZB-W6.3B显示板说明。SDZB-W6.3B型保护器具有一个液晶显示器,屏幕通常分为左右两屏显示。右屏显示电压,左屏滚动显示整定值、分合闸状态、上次故障原因等。

(4)自检。数显综保通电时或按复位按键时,本保护器开始自检。自检通过后,综保显示屏上排显示全亮,下排显示最近一次跳闸原因,供人检视后自动切换成显示电压电流,并开始检测工作。自检通不过时,本保护器会有自检故障显示,自检故障显示代码见表5-5。

整定值	电压
短路	6000V
300A	电流
开关合闸	30A

汉显综保通过时或按复位键时，本保护器开始自检。自检通过后，保护器滚动显示公司名称、综保型号、井上或井下操控，然后转入左右分屏显示，左屏滚动显示整定值、分合闸状态、上次故障原因等，右屏显示电压、电流。当自检有问题时，汉字显示故障原因。带故障的保护器不可以投入运行。

表 5-5　自检故障分析与排除方法

序号	故障现象	故障原因分析	排除故障及解决方法
1	无显示	无交流 100V 供电 显示线插头松动，接触不良 综保变压器过热，有焦糊味 保护主控盒故障	检查开关二次保险丝及线路 将显示线插头紧固螺钉拧紧 更换变压器及相关电子器件 更换主控盒
2	显示不全（缺段）	显示线压断或插头松动 显示器故障	更换显示连线或拧紧插头 更换显示器
3	显示混乱	主控盒故障	更换主控盒
4	显示 P1-P7	波段开关板故障	更换波段开关或波段开关板
5	显示 JS4 不能复位	监视线短路	检查外接线是否短路 检查电源板上 5.6V 稳压管是否击穿
6	显示 JS3 不能复位	监视线开路 终端元件开路	检查外接线及终端元件 排除主控盒故障
7	高压开关合不上闸	高压开关合闸机械故障 保护器 24V 继电器故障 小盒内芯片 LM324 坏	检查机构，排除故障 检查 24V 整流电路及继电器 换芯片 LM324
8	不脱扣	高压开关跳闸机构故障 保护器 24V 脱扣电压	检查机构，排除故障 检查 24V 整流电路及继电器

(5)综保的使用、维护说明及注意事项。本保护器额定工作电压为交流 100V，50Hz。本保护器所显示的电压、电流值是 1.5s 的平均值，以便人眼读数。

五、高爆结构

箱体由钢板焊接而成，外壳有足够的强度，上面有吊装钩，下面有牵引钩，底脚可装滑橇，也可装滚轮，以便井下运输。箱体正面为快开门，门上有合闸、分闸、模拟试验、复位等 6 只按钮；有故障显示的观察窗，分、合闸指示，计量仪表的观察窗。箱门背后有仪表控制盘，上面装有电流表、电压表、二次接线端子、航空插座。箱内有隔离小车,上面装有真空接触器、电脑综保、电压互感器、高低压熔断器、电流互感器、压敏电阻等元器件。维修时,隔离小车可方便地拉出箱门,箱体内腔的左、右侧装有防倒程序误操作的联锁装置,箱体外右侧装有隔离小车和断路器操作手柄,手动紧急分闸按钮和五防联锁机构。箱体两侧可根据用户需要,安装联台用的接线通道。在箱体中间的隔板上设有上、下隔离插销的静触嘴和高压过墙,以及低压二次线的过墙接线端子。箱体背部接线腔内装有零序电流互感器。背后部有馈出电缆引出和远方控制线、信号线的引出装置。所有法兰与盖板的接合面均为防爆面,用螺栓紧固,后接线箱内6只高压过墙套管由DMC绝缘材料和紫铜棒压铸而成,具有一定的机械强度和优良的绝缘性能。通过它将三相电力电缆和箱内主电路连通起来,向负载供电。

1. 操作机构和联锁机构

(1)开门机构:首先把断路器手柄拉到"分闸"位置,然后拉出隔离小车操作手柄上的定位销,使定位销退出定位的位置,再把隔离小车的操作手柄拉到"分闸"的位置,使定位销固定在"分闸"的定位位置上,这时联锁杆自动退出箱门。这样就可以方便地开启箱门。

(2)隔离小车操作机构:隔离小车的操作手柄是带动齿轮和齿条啮合传动的,隔离小车推进箱体前,应先将隔离小车和断路器的操作手柄拉至"分闸"的位置,然后关闭箱门,由门背上的挡铁使箱门口限位挡块旋转,这时小车的齿条和箱内齿轮已啮合。把隔离小车手柄从"分闸"位置逆时针转到"合闸"位置,此时门联锁杆与箱门已自动锁上。最后把隔离小车手柄固定在"合闸"的定位位置上。

(3)真空断路器的操作机构:真空断路器的输出轴与操作手柄是插入槽内啮合传动的,转动操作手柄,若无打滑现象,则说明隔离小车已到位,然后将断路器的操作手柄由"分闸"位置逆时针转到"合闸"位置。如果要将隔离小车手柄从"合闸"转到"分闸"的位置,则应先将断路器的操作手柄从"合闸"转到"分闸"的位置。即隔离小车与断路器有操作顺序的联锁,隔离小车的操作手柄和断路器的操作手柄,均有明显的"分闸"和"合闸"的标记。从"分闸"到"合闸"旋转的角度为90°。

(4)安全联锁机构:为确保本装置的安全运行,防止误操作而导致设备和人身事故,在断路器、隔离小车插销和箱门之间设有安全联锁机构,使之能达到以下目的:

①断路器在"合闸"状态时,隔离插销既不能合闸,也不能分闸。

②隔离小车在"分闸"位置时,断路器不能进行合闸操作。

③箱门打开时隔离小车不能打开。

④隔离小车在"合闸"状态时箱门不能打开。

断路器的正确合闸程序为:先关箱门,再合隔离小车,待隔离小车全部合上后,再合断路器。而箱门打开的正确程序为:先分断路器,再分隔离小车,再打开箱门。严禁逆操作程序强行打开箱门。除此以外,还有故障闭锁功能,即故障引起跳闸后,综保显示故障性质并和断路器联锁。故障不排除则综保不能复位,断路器不能合闸,也不可能瞬时合闸,以防故障增大。

2. 真空断路器

高压真空断路器为框架式结构,呈立体布置,选用弹簧储蓄能形式。既能手动分、合闸,又能电动分、合闸,并可远控。断路器主要由真空灭弧室、绝缘支架、操作机构和箱体组成。操作电源为交流100V。断路器的特点是体积小,保护全(设有两块分闸电磁铁和一块失压电磁铁),分、合闸速度快,弹跳小,三相同步性好,维修易,可靠性高,寿命长。

六、电气原理

本装置(图 5-4)是将 6kV 三相电源引入接线腔,经上隔离插销、高压熔断器、真空断路器、电压互感器、过电压吸收装置至下隔离插销,经电缆穿过零序电流互感器引至负载。其中真空断路器为控制开关,而真空断路器受控于电脑综保。电脑综保具有漏电、绝缘监视、过流、短路、过压、欠压等保护功能。当电网出现上述故障时,真空断路器就会自动分闸,切断电源,对供电系统和负载进行保护,并通过电脑综保显示故障性质。真空断路器还具有闭锁功能,故障不排除,就不能合闸。电脑综保通过电压互感器辅助二次绕组(为开口三角形结线),获取零序电压信号,并通过零序电流互感器获取零序电流信号,然后进行模数转换和数据处理,来实现零序电流方向型(也称功率型)保护。电压互感器一次侧有三具高压熔断器保护,在二次侧同样有三具低压熔断器作短路限流保护。

短路、过流信号取自电流互感器,电流互感器有一组供继电保护的电流源。若负载侧出现短路,当短路电流为额定电流的 4 倍时,电流电压转换器把短路电流转成 30V 电压输出。经过整流稳压成 24V 后供直流分闸电磁铁进行分闸。过压、欠压信号取自电压互感器二次侧,综保对其取样分析,通过计算判别,确认过压或欠压时,发出分闸指令,由断路器执行分闸。压敏电阻接成星形,中性点接地,以吸收操作过电压的幅值。此外还有三相有功电度表计量电能,电流表、电压表显示负载工作状态。门上模拟试验按钮是供检查保护功能是否正常而设置,每次试过后必须按复位钮。

【任务实施】

一、投入使用前的检查和试验及注意事项

1. 外观检查。

外观应无异常,打开箱门和盖板,合闸动作正常,内部装配量质量良好,手动分、合闸动作正常,机构无松动,紧固螺钉无松动,联锁部分动作正常、接地装置符合规定。

2. 测量真空断路器开距、超行程。630A 的真空断路器主触头开距为(10 ±1)mm,超行程为(3 ±1)mm。

3. 工频耐压试验。

(1)主回路的相间、相对地、断路器上下断口应能承受 30kV 工频电压,历时 1min 应无闪络和击穿现象。

注意:

①试验时应将电压互感器一次侧从高压主回路上脱开,即取下三具高压熔丝管。

②压敏电阻从高压主回路中解除。

③电流互感器二次全部短路并接地。

④试验结束必须及时恢复原来状态,并注意电流互感器二次侧不可开路。

(2)二次系统对地应能承受 2kV 工频耐压,历时 1min 应无闪络和击穿现象。

注意:

①试验时应将电脑综保从二次电路中解除,即拔掉综保的全部插头,取下 PT 二次侧低压熔断器。

②拆除二次系统中各接地点的接地线，使之悬浮。

③试验结束后及时恢复原状。注意电流互感器二次侧不能开路。

4. 手动空载操作。用绳子缚住失压脱扣器铁芯，关箱门，然后操作隔离小车分、合闸手柄和断路器手动分、合闸手柄各 5 次。同时验证防倒操作程序的机械联锁。

5. 检查失压脱扣的性能。将电压互感器二次侧三具低压熔断器脱开，在下桩头用三相调压器输入额定操作电压为 100V 的三相工频电源，这时箱门的电压指示应为 6kV，失压电磁铁应可靠吸合。然后缓缓转动调压器手柄，调整输入的操作电压，进行试验，失压脱扣应符合：

(1) 大于额定操作电压的 85% 时，失压脱扣器的铁芯应可靠吸合。

(2) 大于额定操作电压的 65% 时，失压脱扣器的铁芯不得释放。

(3) 小于额定操作电压的 35% 时，失压脱扣器的铁芯应可靠释放。

6. 短路保护性能试验。试验器材：调压器、升流器、电流互感器、电流表、电子秒表。

7. 试验方法。在 A 相或 C 相输入本高爆装置电流互感器一次定额电流的 1.6 ~ 10 倍的电流值，短路保护应为瞬动，动作时间不超过 0.1s。综保应显示短路故障的代码，按复位按钮应消除显示。

8. 过载保护性能试验。试验器材方法和短路保护性能相同，即在 A 相或 C 相分别输入本高爆装置电流互感器一次额定电流值的 0.2 ~ 1.4 倍的电流值，同时整定好反时限延时挡位，分 1 ~ 8 挡，分别试验，动作时间应符合表 5-4 的反时限特性，误差不超过 ±10%。过载动作综保应显示过流故障代码。按复位按钮，应消除显示。

9. 一次电路回路电阻测量。器材：调压器、升流器、硅整流装置、分流器、直流电流表、直流毫伏表。

方法：先检查一次电路各螺钉是否紧固，然后将隔离小车、断路器处于合闸状态（缚住失压脱扣铁芯），再用升流器通过整流分别对每相输入 100A 直流电流，用毫伏表测量每一相一次回路的压降。用欧姆定律算出每相的回路电阻。规定每相回路电阻不大于 300μΩ。

10. 真空灭弧室主触头运动特性试验。用 SC16 紫外线光线记录示波仪检查分闸时间、分合闸速度、三相分合闸同步、合闸弹跳时间是否符合本任务 3.12 至 3.16 条指标的要求。三相分合闸同期和合闸弹跳时间是真空断路器触头运动特性的重要指标。调整触头开距和超行程可决定上述指标的优劣。本装置在出厂时用仪器调整后锁定。如现场无测试设备，此项试验免做，仅测量触头的开距和超行程是否符合要求。切忌在无仪器设备的情况下调节触头的开距和超行程，以免影响整机性能。

11.“漏电”、“监视”两项试验在出厂时已做过，如设备下井前试验条件不具备，可仅进行模拟试验。

12. 压敏电阻绝缘预防性试验。压敏电阻两端施加 8kV 直流电压，稳定 1min，泄漏电流不超过 30μA 为合格。

13. 试验结束拆除试验的临时线路，检查短路线、接地线。在恢复原状后做清洁工作，紧固所有螺钉。

14. 通以 6kV 三相工频电源做空载操作试验，检查各按钮的功能应正常无误。

15. 确认负载连接电缆绝缘良好，性能正常，若为铠装电缆，则需用电缆胶按煤矿安全规程要求制作电缆头；若为橡套电缆，则需用螺母将密封圈压紧，达到隔爆要求。电缆头制作完毕需用2500V摇表检查，确认绝缘良好，才能将电缆接入配电装置的接线柱上。如果馈出电缆采用UGSP双屏蔽电缆，应将后腔的终端元件接至电缆终端的监视线和地线之间，此时监视线和地线均不可接地。若采用铠装电缆则"监视"保护不起作用。这时终端元件既不能短路，也不能开路。

16. 综保的整定。

(1)综保整定规则：

①每次调整整定值后，必须按启动(复位)按钮。

②由故障引起跳闸时，综保显示故障原因，这时应先排除故障，再按复位按钮，故障不排除则综保不能复位，就不能合闸。

③在过载、漏电延时时间内，不能按复位按钮。

(2)"额定工作电流"挡的整定。综保面板上的额定电流，是指电流表互感器一次电路的额定电流。如果波段开关打到演示挡时综保退出运行，则不起保护作用。

(3)"短路"挡的整定。综保面板所示刻度值为：短路电流是电流互感器一次额定值的倍数。综保设定在超过或达到1.6倍额定电流以上的为短路，瞬时动作。整定值在额定电流的0.2～1.4倍之间作过载论，执行反时限延时动作。"短路"的整定值要大于电机启动电流值，并折算成电流互感器一次额定值的倍数。

(4)"过载"、"过载反时限延时"的整定。综保面板所示刻度值为：过载电流是电流互感器一次额定值的倍数，与过载反时限延时的8个挡位构成过载整定部分，参照表5-4所示数值进行整定。整定原则：以负载工作的额定电流的1.05～1.1倍，除以高爆中电流互感器一次额定电流，用得出的倍数和过载动作时间来整定。

(5)"漏电"保护的整定。漏电保护的整定由零序电压、零序电流、漏电延时三部分组成。各矿零序电压的情况不同，可用简单方法实测一下，即用零序阻抗很小的三相三柱式电抗器构成人为中性点，测量人为中性点与地线的电压，可认为是零序电压，以此为依据在综保上整定。零序电流的整定：原则上以电缆长度为依据，每千米电缆约整定1A，漏电时间整定不宜过短。防电网骚动在短时间内波形畸变而误动作。若矿内有消弧线圈接地，则在"零序电压"挡内把波段开关扳到"电流型"，采用零序电流保护方式。

17. 检查接地装置，外接地线所用铜导线截面积不小于$25mm^2$。接地电阻小于$2\mu\Omega$。

二、使用与维护

1. 高爆装置在投入运行后，每隔半年应检查一次隔爆接合面，如发现锈斑，需用零号砂布打磨干净，然后进行磷化或涂204-1防锈油，不准涂油漆，对机械转动部分进行润滑，对紧固件进行检查。

2. 在运行正常情况下，每操作1000次后，或操作虽不足1000次，但运行已满1年或仓库储满1年则需进行一次工频耐压试验，用工频23kV电压持续1min检查真空灭弧室的真空度(试验时电压互感器、压敏电阻、综保退出试验电路)。

3. 在每次开断短路电流后，应测量真空管触头的超行程并记录数据。如果630A的真空断路器主触头超行程小于3mm则需要进行调整，若超行程在标准范围内则不需要调整。调整方法如下：

(1)拧松真空管动导电杆下面双头螺钉的左、右纹螺母，注意防止真空管动导电杆跟转，以致扭曲真空灭弧室内的波纹管，导致真空度下降或真空管的机械寿命减小。

(2)将连在双头螺钉上的绝缘子逆时针旋转360°时，将使触头的超行程增大1.5mm，同时触头的开距减小1.5mm。如果逆时针旋转180°时，则触头的超行程增大0.75mm，同时触头的开距减小0.75mm，反之若顺时针旋转则开距增大，超行程减小，以此类推。

(3)将额定电流630A的真空断路开距调到(10±1)mm，超行程调至(3±1)mm时，拧紧左、右纹螺母，这时同样防止动导电杆跟转。最后用示波器检查三相触头分、合闸同步和合闸弹跳。如发现三相分、合闸不同步或合闸时弹跳过大，则要重新调整。因每相触头烧蚀磨损程度不同，为达到分、合闸同步一致性，有时需要三相同时调整，甚至反复调整几次，才能符合要求。

(4)真空管的额定开断短路电流的寿命为30次，开断正常电流的寿命为8000次，如果超过使用寿命，或者触头烧损严重，即动静触表面烧损超过2mm时，则要更换真空管。若真空管的真空度有所下降，即真空管的工频耐压小于23kV时也应更换真空管。

4. 每次合闸前检查模拟试验按钮的功能是否完好，显示故障性质的功能是否正确。

5. 每年一次对压敏电阻进行一次绝缘预防性试验，即将8kV直流加在压敏电阻两端，测其泄漏电流，持续1min不超过30μA为合格。

6. 定期检查高压部分一次电路的紧固件有无松动，防止接触电阻增大而使温升提高。

7. 定期用95%酒精对高压绝缘子、绝缘盒进行清洗擦拭，以防在高压电场下尘埃积聚而降低绝缘强度。

8. 检修时先断开电源，然后打开箱门和隔爆盖板。严禁在不断开电源时打开所有隔爆盖板！

三、考核项目及评分标准

考核项目	配分	评分标准	得分
拆装步骤	20	错一步扣5分	
元件检查	10	每错一项扣5分	
保护电路试验	20	方法不对每项扣5分	
测量绝缘电阻	20	测错一项扣5分	
掌握电气原理	20	错一处扣5分	
分合闸操作	10	错一项扣5分	
安全文明生产实习		每违反一项扣5分，发生事故不得分	
总　分			

【思考与练习】

1. BGP-630/6型矿用隔爆型高压真空配电装置的用途是什么？说明其型号含义。

2. BGP-630/6型矿用隔爆型高压真空配电装置的主要电气元件有哪些？说明各主要电气元件的作用。

3. 简述“打开门盖”和“抽出机芯”的操作顺序。

4. 简述BGP-630/6型矿用隔爆型高压真空配电装置的工作原理。

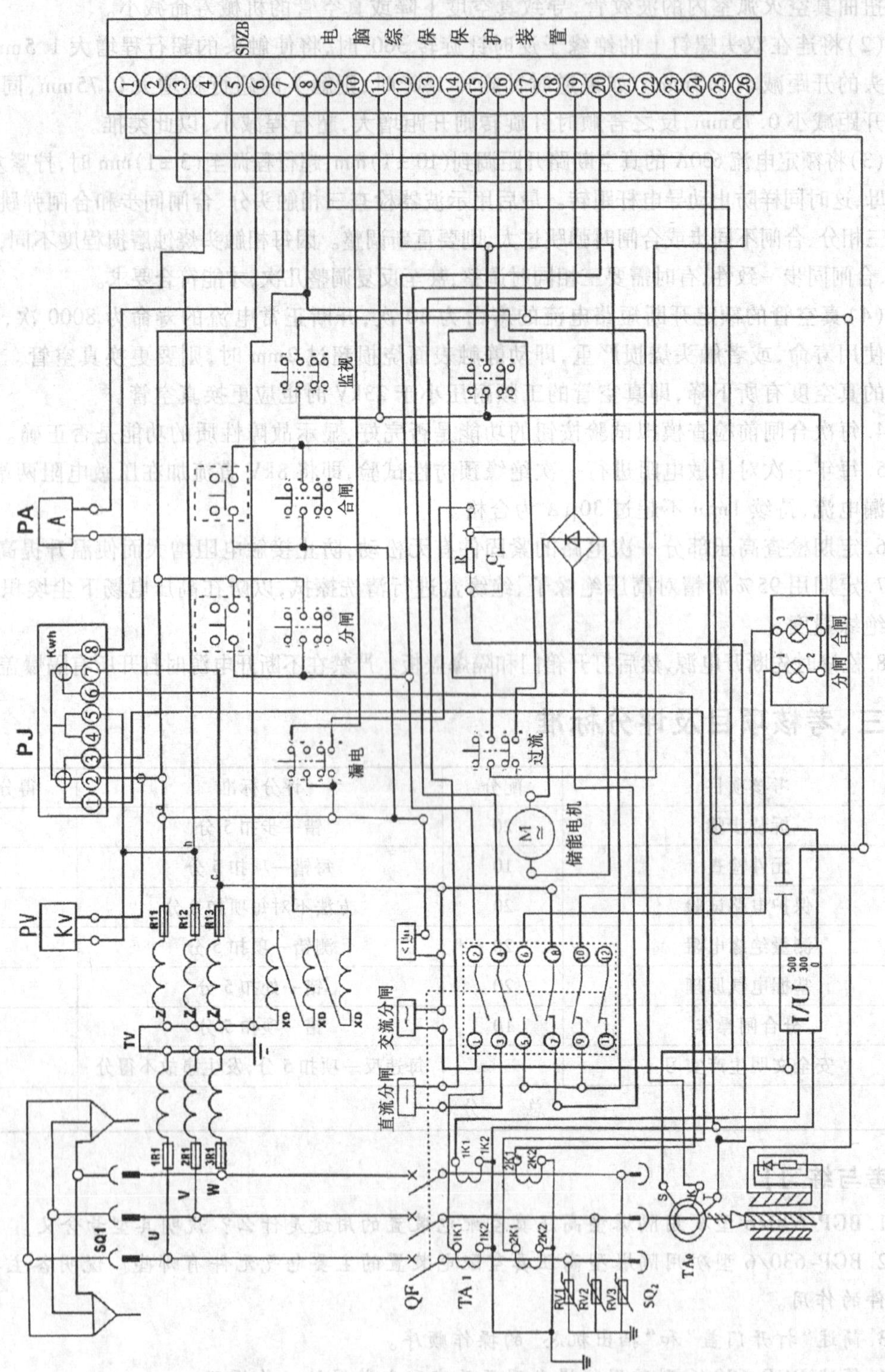

图 5-4 BGP-630/6 型矿用隔爆高压真空配电装置原理图

项目六　矿用干式变压器

【知识点】

□熟悉变压器的作用及工作原理。

□熟悉干式变压器的结构及电气性能。

【能力点】

□能正确使用和维护干式变压器。

□能检查、分析并排除干式变压器的常见故障。

【任务描述】

如图 6-1 所示为 KBSG 型变压器，它是三相、隔爆、干式动力变压器，可将 6kV 高压电降为 1140V 或 660V 低压动力电，供综采电气设备使用。

图 6-1　KBG 型变压器

【任务分析】

变压器是利用电磁感应原理制成的静止电气设备。它能将某一电压值的交流电变换成同一频率的所需电压值的交流电，以满足输电、供电及其他用途的需要。相对于油式变压器，干式变压器因没有油，也就没有火灾、爆炸、污染等问题，适合在综采工作面作为综采电气设备的电源使用。

【相关知识】

1. 铁心

变压器的铁心由铁心柱和铁轭两部分组成。被绕组包围的部分为铁心柱，未被包围的部分为铁轭。铁轭的作用是为绕组产生的磁通构成闭合磁路。

2. 绕组

根据变压器的高压绕组与低压绕组的相对位置的不同，绕组又可分为同心式绕组与错式绕组两类。

3. 出线套管变压器高、低压接线盒内装有高、低压套管

变压器内部引线通过高、低压套管引出，分别与高、低压开关母线连接。高、低压两侧各有一个接线座，共 4 个端子，高压侧端子用于高、低压电气连锁接线，低压侧端子用于连接变压器内接温度继电器的两个触点。低压开关 127V 电源用于连接变压器超温警报器。

4. 超温报警器

为了防止变压器因外界环境和负载变化而造成内部温度过高，影响变压器正常运行，在变压器低压侧安装了一只温度继电器。当变压器超过允许温升时，警报器发出变压器超温警报；当变压器温度下降到允许值以下时，警报消失，变压器可重新投入运行。

干式变压器的安全运行和使用寿命很大程度上取决于变压器绕组绝缘的安全性。绕组温度超过绝缘耐受温度使绝缘破坏是导致变压器不能正常工作的主要原因之一，因此对变压器运行温度的监测及其报警控制是十分重要的。

【任务实施】

一、矿用干式变压器的日常维护

1. 检查瓷套管是否清洁，有无裂纹及放电痕迹。

2. 检查变压器声音是否正常。

3. 检查安全气道的玻璃膜是否完好。

4. 检查变压器接地是否良好。

二、故障的检查方法

变压器发生故障的原因有时比较复杂，检查时应对变压器的运行情况、使用环境、温升、电压等进行检查。检查方法如下。

1. 分析保护装置动作情况。

2. 如果外观无明显异常，则必须对器身进行检查：

(1) 检查所有的螺栓是否松动，器身有无位移，铁心有无变形。

(2) 测量穿心螺杆与铁心、轭铁与夹铁之间的绝缘情况。

(3) 检查线圈绝缘层是否完整无损，有无位移和潮湿现象；线圈压钉是否紧固，上下部绝缘是否牢固不松动。

(4) 线圈引出线绝缘是否良好，接线端接触是否良好，带电体间距是否符合要求。

(5) 线圈引出线有无放电痕迹，一次侧、二次侧之间和对地绝缘是否达到要求。

3. 变压器的常见故障现象、故障原因及处理方法见表 6-1。

表 6-1　变压器常见故障现象、原因及处理方法

故障现象	故障原因	处理方法
外壳过热或发热不均匀	1. 过负荷 2. 线圈绝缘差或老化，引起局部漏电 3. 铁心损失超限	1. 检查使用负荷情况并予以调整 2. 用兆欧表测量绝缘，修理破损处或更换线圈 3. 拆开铁心，处理绝缘，紧固铁心螺栓
线圈绝缘破坏	一次电压过高	调整一次电压
变压器本身产生不正常的声音	1. 线圈绝缘损坏 2. 铁心固定螺钉松动 3. 硅钢片绝缘不好 4. 前级电流出现两相电	1. 用兆欧表检查、处理绝缘 2. 紧固螺钉 3. 更换硅钢片 4. 大修处理
经过短时运行后，温升超限	1. 线圈局部短路 2. 负荷超过太多	1. 大修处理 2. 调整负荷
经常发现二次电压大大降低	1. 供电线路电压降太大 2. 二次线圈有局部短路 3. 一次侧电压偏低	1. 调整负荷 2. 检查并修理 3. 调高一次端电压
外壳带电	1. 套管漏电 2. 引线与变压器外壳距离太近 3. 内部漏电	1. 更换或去污 2. 查明原因予以消除 3. 查明原因进行检修
保护装置动作	1. 内部严重短路，铁心发热 2. 外部短路或过负荷	1. 查明故障性质并进行处理 2. 检查外部原因
线圈发生机械破损	1. 变压器的引出线短路，使线圈受电磁力而变形 2. 在运输或安装中碰撞	1. 检修线圈 2. 修复碰撞部位
绝缘电阻太低或吸收比接近于1	1. 线圈受潮或老化 2. 套管闪烁、轻微漏电或破损	1. 烘干线圈或大修 2. 烘干套管或更换

三、实习步骤及顺序

1. 在教师的指导下，结合设备进行矿用变压器的主要组成部件及实物识别。
2. 熟悉变压器的各部结构，利用现场（车间）的起吊设备进行变压器吊芯检查。
3. 按照前述内容进行变压器的装配。

四、安全注意事项

1. 进行变压器拆装时，必须在实习指导教师的指导下进行，操作人员要明确分工，各司其职，听从统一指挥。

2. 打开接线盒后，按程序对接线柱进行放电。

3. 打开变压器上盖时，注意防止任何东西掉入变压器油箱内。

4. 检查器身时，应防止金属器件碰伤线圈绝缘。

5. 各零部件不经实习老师同意不准随便拆卸，拆下的零部件，要放在备用的容器内，以防丢失。

6. 在变压器的拆装过程中，要认真细致，以防发生机械和人身事故。

五、考核项目及评分标准

考核项目	配分	评分标准	得分
原理、结构及特点	20	1. 矿用变压器的工作原理 2. 矿用变压器的主要结构及特点 （每错一处扣 2 分）	
拆卸过程	20	1. 放油 2. 吊芯 （每错一处扣 3 分）	
绝缘检测	25	1. 测量原、副绕组间绝缘电阻 2. 测量原、副绕组地绝缘电阻 3. 测量穿心螺杆对地绝缘电阻 4. 测量穿心螺杆、夹件对铁芯的绝缘电阻 （每错一处扣 2 分）	
装配过程	20	工艺要求的五步进行 （每错一处扣 4 分）	
变压器的试验	15	1. 变压器的交流耐压试验 2. 变压器的空载试验 3. 变压器的短路试验 （每错一处扣 5 分）	
总　分			

【思考与练习】

1. 变压器有什么作用？变压器如何改变电压？

2. KBSG 型干式变压器主要由哪几部分组成？

3. 简述矿用干式变压器的日常维护内容。

4. 分析变压器二次电压经常过低的原因及处理措施。

项目七 矿用移动变电站

任务一 KBSGZY 型矿用移动变电站

【知识点】

□了解 KBSGZY 型矿用移动变电站的结构组成。

□了解使用移动变电站的注意事项。

【能力点】

□掌握 KBSGZY 型矿用移动变电站的使用方法。

【任务描述】

KBSGZY 型矿用隔爆型移动变电站如图 7-1 所示，是一种可移动的成套供变电装置。它适用于有瓦斯和煤尘等爆炸危险的矿井中，可将 6 kV 电源转换成 690(660) V、1200(1140) V、3450(3300) V 煤矿井下所需的低压电源。

图 7-1 KBSGZY 型矿用隔爆型移动变电站

【任务分析】

KSGZY 型千伏级矿用隔爆型移动变电站其容量有 200kVA、315kVA、500kVA、630kVA、800kVA、1000kVA、1250kVA 等几种，电压等级为 6kV，频率为 50Hz，可以作为电力输送及综合机械化采煤设备的电源。其中常用的有 630kVA 和 1250kVA 2 种。

【相关知识】

一、KBSGZY 型矿用移动变电站的型号含义

以 KBSGZY- 630/6 为例：K—矿用；B—隔爆；S—三相；G—干式；Z—真空；Y—移动式；630/6—容量(kVA) / 电压(kV)。

二、KBSGZY 型矿用移动变电站的结构

1. 移动变电站的组成

移动变电站采用隔爆结构，由 FB-6 型高压负荷开关、KSGB 型矿用隔爆型干式变压器和 DZKD 型矿用隔爆低压馈电开关三部分组成，三个部分之间由法兰隔爆面和连接螺栓固定成一个整体。变压器壳体下设有拖撬，拖撬下可设直径为 220mm 的车轮，以便于沿轨道移动。移动变电站的外形结构如图 7-2 所示。

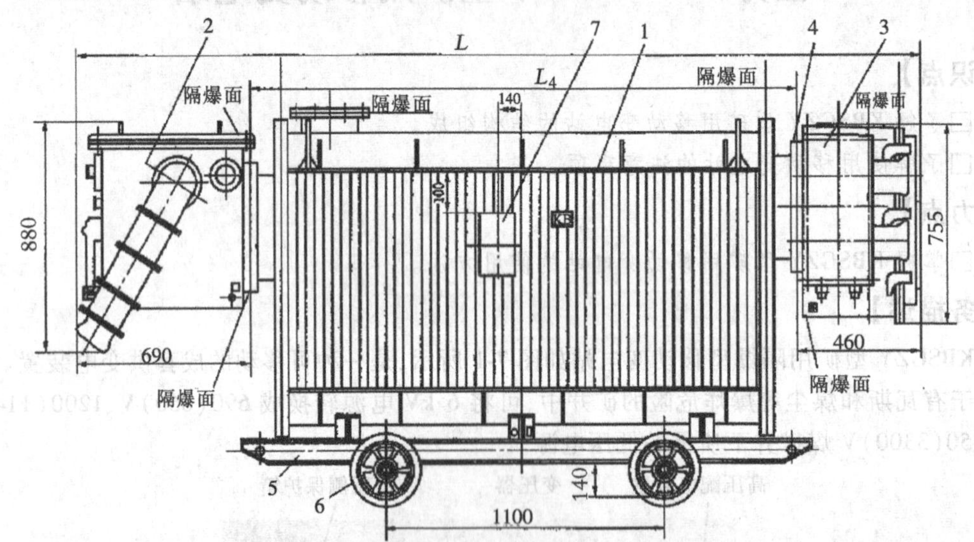

1—KBSG 型干式变压器；2—隔爆高压开关箱（包括 FB-6 高压负荷开关等）；3—隔爆低压开关箱（包括低压馈电开关和漏电保护单元）；4—隔爆面法兰及螺栓等紧固件；5—托撬；6—直径为 200mm 的有边滚轮（轮距可调节为 900mm 或 600mm）；7—铭牌、线路标牌底板

图 7-2　KBSGZY 型移动变电站

（1）隔爆高压负荷开关箱。高压负荷开关箱是变电站高压侧的配套开关，包括 FB-6 型高压负荷开关和 2 只 AGKB-200/6000 电缆连接器，用作闭合和分断移动变电站的空载电流及在特殊情况下的负荷电流。高压负荷开关箱由钢板焊接成的箱体 2、电缆连接器 1、压气式负荷开关 7 及操作机构 12 等组成。箱体通过隔爆法兰面与干式变压器进线盒隔爆法兰面用螺钉连接。如图 7-3 所示。FB-6 型负荷开关是在 FN-10 型压气式负荷开关基础上改装而成的，其特点是灭弧装置由压气装置及喷嘴组成。灭弧装置的结构如图 7-3 所示。

开关分闸时，连杆 9 推动活塞 8 向左运动，使汽缸绝缘子 7 内腔压缩；与此同时，连杆 10 推动闸刀 1 和动弧触头 2 逆时针运动，闸刀 1 先与静触头 4 分开。这时，电流经由弹性导电片 6、静弧触头 5、动弧触头 2 到闸刀 1，连杆 10 继续推动闸刀 1 和动弧触头 2 逆时针运动。当动弧触头 2 离开静弧触头 5 时，电弧随之产生，这时汽缸绝缘子内的压缩空气从灭弧喷嘴中强烈喷出，迅速把电弧吹灭。

负荷开关设有高、低压电气联锁，紧急停电和开盖断电等装置。高压监视保护的终端元件也装在开关箱内。负荷开关的电气线路如图 7-4 所示。

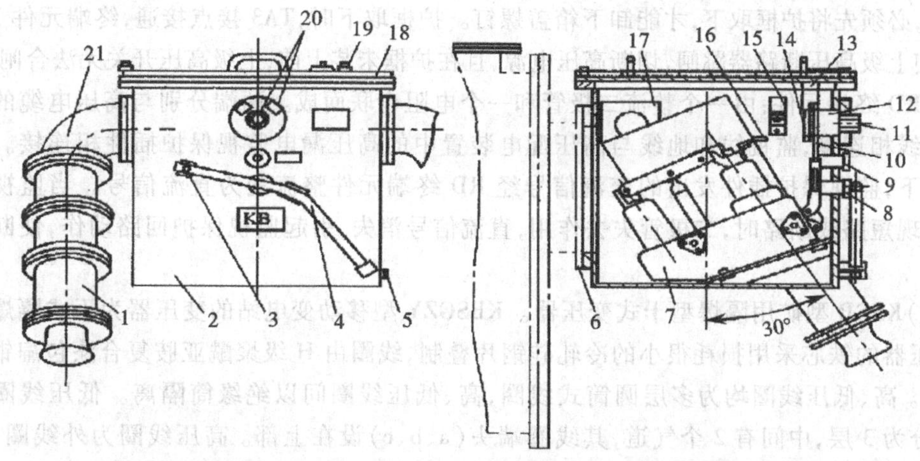

1—电缆连接器;2—隔爆箱体;3—锁钉;4—操作手柄;5—外接地螺钉;6—变压器接线盒法兰;7—压气式负荷开关;8—TA1 高低连锁按钮;9—TA2 急停按钮;10—拉杆;11—机构轴;12—操作机构;13—TA3 安全连锁按钮;14—终端元件 RD;15—接线板与内接地;16—橡套引线;17—观察窗;18—护框;19—螺帽;20—分、合闸指示;21—过渡弯管

图 7-3 FB-6 型负荷开关结构

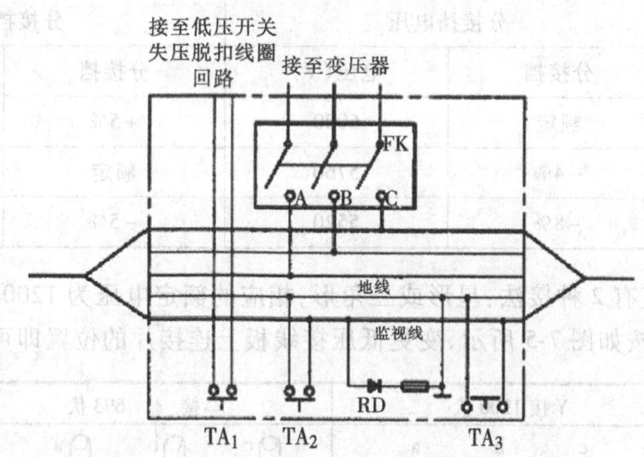

FK—压气式负荷开关;TA1—高、低压电气联锁按钮;TA2—急停按钮;TA3—安全联锁按钮;RD—终端元件

图 7-4 负荷开关电器线路图

为了检修安全,保证在紧急情况下的停电和操作顺序不失误。在 FB-6 型高压负荷开关中设有如下装置,可参见图 7-4 所示。

①联锁按钮 KA:串联于低压馈电开关脱扣电路中。在合高压开关时,需拧下锁钉 3,取出操作手柄 4 套在机构轴 11 上,操作高压负荷开关合闸,合闸后须将手柄取下,放还原处并拧紧锁钉,此时联锁按钮 KA 的接点被压合,接通电路后,低压馈电开关方能合闸。

②急停按钮 TA2:负荷开关箱正面设有急停按钮 TA2,正常状态下按钮处于常开。当发生紧急情况时,按下 TA2 使常开接点闭合,终端元件 RD 被短接,使上级高压断路器跳闸,切断高压电源。

③安全联锁按钮 TA3:为了检修安全,箱盖上设有护框,护框将压断 TA3 的常闭接点。当

检修时,必须先将护框取下,才能卸下箱盖螺钉。护框取下时,TA3 接点接通,终端元件 RD 被短接,使上级高压断路器跳闸,切断高压电源,且在护框未装上前,上级高压开关无法合闸。

④RD 终端元件:由一个整流二极管和一个电阻串联而成。两端分别与高压电缆的监视线和地线相连接,监视线和地线与高压配电装置中的高压漏电监视保护插件相连接。在正常情况下,监视保护插件发出的交流信号经 RD 终端元件整流变为直流信号。当监视线和地线出现短路或断路时,二极管失去作用,直流信号消失,引起监视保护回路动作,使断路器跳闸。

(2)KSGB 型矿用隔爆型干式变压器。KBSGZY 型移动变电站的变压器为干式隔爆变压器,变压器的铁芯采用损耗很小的冷轧硅钢片叠制,线圈由 H 级聚酰亚胺复合漆包扁铜线绕制而成。高、低压线圈均为多层圆筒式线圈,高、低压线圈间以绝缘筒隔离。低压线圈为内线圈,分为 3 层,中间有 2 个气道,其线圈端头(a、b、c)设在上部。高压线圈为外线圈,容量在 500kVA 及以上的,线圈中间设有一个气道。容量在 315kVA 及以下的未设气道,其线圈的绕向和低压线圈绕向相反。线圈端头(a、b、c)设在下部,尾端(x、y、z)设在上部,以便接至高压分接板。变压器高压绕组为星形接法,有 -4%、-8% 或 ±5% 额定电压的分接抽头,根据分接板上连接片位置的不同,即可调整电压,见表 7-1。

表 7-1　连接片位置与分接挡电压的关系

连接片的位置	分接挡电压		分接挡电压	
	分接挡	电压(V)	分接挡	电压(V)
x1 y1 z1	额定	6000	+5%	6300
x2 y2 z2	-4%	5760	额定	6000
x3 y3 z3	-8%	5520	-5%	5700

变压器低压绕组有 2 种接法:星形或三角形,相应的额定电压为 1200V 和 690V,如需改变低压侧的电压,可按如图 7-5 所示,变更低压接线板上连接片的位置即可。

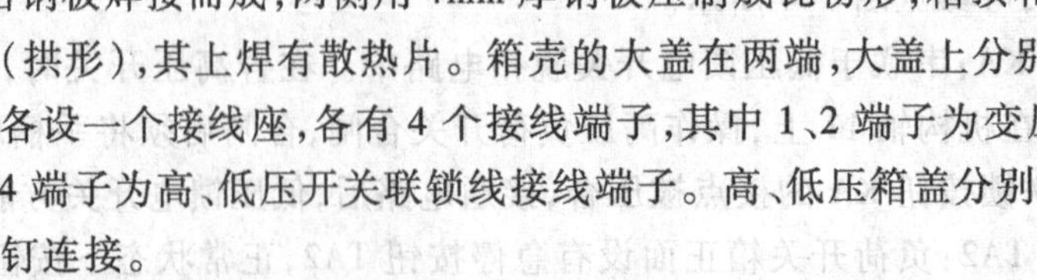

图 7-5　变压器低压绕组的接法

变压器外壳由钢板焊接而成,两侧用 4mm 厚钢板压制成瓦楞形,箱顶和箱底有 6mm 厚钢板,弯成圆弧形(拱形),其上焊有散热片。箱壳的大盖在两端,大盖上分别焊有高、低压出线盒,出线盒板上各设一个接线座,各有 4 个接线端子,其中 1、2 端子为变压器温度继电器的引出线端子,3、4 端子为高、低压开关联锁线接线端子。高、低压箱盖分别以隔爆法兰面与高、低压开关用螺钉连接。

变压器身以焊在箱壳下的角钢为导轨,能从两端进出,并通过 4 个螺栓固定在角钢上,上部也以 4 个螺栓固定在箱壳上部的角钢上,使器身牢固地固定在箱壳内。箱壳底部焊有托撬,托撬下可以装滚轮,以作移动之用。

(3)隔爆低压开关箱。低压开关主要由 DZKD 低压馈电开关组成,为矿用隔爆型手动操作开关,与 KSGZY 型移动变电站低压配套使用,开关为方形隔爆结构,用钢板焊接加工而成。低压开关箱分主空腔和独立的隔爆接线盒 2 个部分,主腔箱门采用平面止口式,可用手把凸轮机构提起移出止口范围,并可绕壳体右侧的铰链转动至完全打开的位置。箱门与开关手柄及隔离开关手把之间设有可靠的机械联锁装置,确保在箱门打开前开关处于全部断开位置,箱门打开后开关不能合闸。

2. 移动变电站的结构特点

干式变压器箱体均由钢板焊接而成。箱体侧面采用瓦楞钢板结构,既可以增加箱体的强度,又可增加散热面积。

移动变电站高、低压开关有电气闭锁。合闸时先合高压开关,后合低压开关;分断时,先断低压开关,后断高压开关,且必须用本机高压开关手柄分合闸。

高压开关大盖和低压开关的门盖均设有机械闭锁。高压电缆停电后才能打开高压开关大盖;低压开关门盖打开后,就无法储能与合闸,开关在合闸和储能位置无法打开大盖。

315kVA 以上的干式变压器器身顶部设有电连接点温度继电器,上部气腔允许温度为 125℃,超温时切断负荷。

若变换高压线圈分接电压时,应先断开高、低压开关,再打开箱体上部小盖螺钉,即可在干式变压器内部接线板上变换连接片。连接片的位置与对应的电压值见表 7-1。

二次电压可通过 Y-△ 变换得到 2 种电压,其中 100kVA、200kVA 的为 693V/400V;315kVA、500kVA、630kVA 的为 1200V/693V,连接片的连接方法如图 7-5 所示。

三、KBSGZY 型矿用移动变电站的电气系统

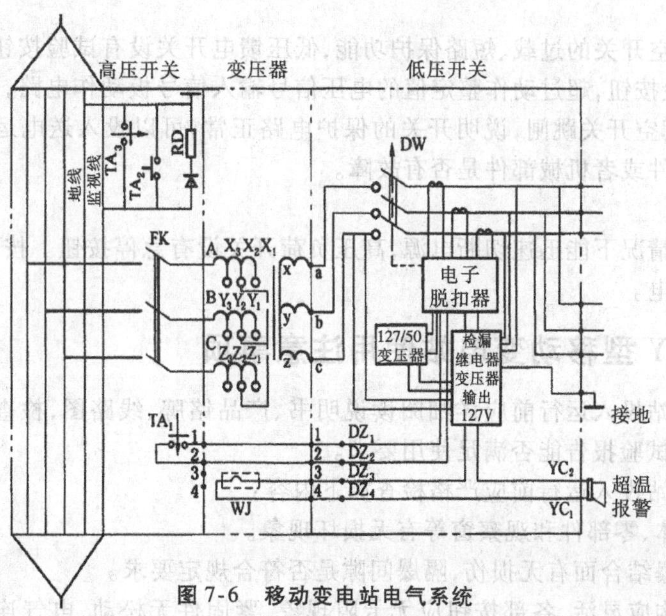

图 7-6 移动变电站电气系统

KBSGZY 型矿用移动变电站电气系统如图 7-6 所示。移动变电站的高压负荷开关和低压馈电开关之间有电气连锁,以保证分断时低压开关先分闸,合闸时高压开关先合闸的分合闸顺序。如果发生误操作,先分断高压负荷开关,因为高压负荷开关没有低压连锁接点

SB1,通过低压馈电开关箱中半导体脱扣器,使低压馈电开关先分断,达到高压负荷开关不带负荷分断的目的。

高压负荷开关设有安全跳闸按钮SB3和急停按钮SB2,若打开高压负荷开关箱盖,按钮SB3接点接通,上级高压断路器跳闸。当遇到紧急情况时,按下SB2急停按钮,使上级高压断路器断开高压电源。SB1在未闭合好时,低压馈电开关合不上闸,低压馈电开关箱内装有半导体脱扣器和检漏继电器,对变电站运行中的过载、短路、失压、漏电等故障进行保护。

【任务实施】

一、KSGZY型移动变电站的操作方法

1. 合闸

先将高压负荷开关顺时针扳到"合闸"位置,合闸指示器指在"合"的位置上,然后将手柄放回原处,并将手柄上的闭锁螺栓拧入,使限位闭锁开关的触点接通。控制电源开关接通后,低压馈电开关仪表照明灯亮,低压馈电开关分闸指示灯黄灯亮,检漏继电器未投入工作指示灯黄灯亮,表示控制电源变压器和保护电路有电。按下低压馈电开关复位按钮,检漏指示灯绿灯亮、黄灯灭(说明低压电网绝缘良好),检漏继电器投入工作,千欧表有绝缘电阻指示,欠压线圈有电吸合,允许合闸。逆时针方向转动馈电开关120°储能,然后顺时针将馈电开关转回原来位置,即合闸。合闸后,合闸指示灯绿灯亮,分闸指示灯黄灯灭,电压表有电压指示。

2. 分闸

移动变电站停电必须先从低压侧开始。先按下低压馈电开关右侧的停止按钮,使馈电开关跳闸,然后取下高压负荷开关上的操作手柄,套在机构轴上,逆时针方向扳动手柄使高压负荷开关跳闸。

3. 试验

为了检验真空开关的过载、短路保护功能,低压馈电开关设有试验按钮。当开关在合闸状态时,按下试验按钮,超过动作整定值的电压信号输入信号板动作电路,使欠压线圈失电,分励线圈得电,真空开关跳闸,说明开关的保护电路正常,可以投入送电运行。否则检查跳闸控制电路和器件或者机械部件是否有故障。

4. 急停

为了在紧急情况下能迅速切断电源,高压负荷开关设有急停按钮。按下急停按钮时,上级及本级开关断电。

二、KSGZY型移动变电站使用注意事项

1. 移动变电站投入运行前应详细阅读说明书、产品铭牌、线路图,检查容量、电压等级、接线组别及地面试验报告能否满足使用要求。

2. 移动变电站投入运行前应严格检查如下内容:

(1)所有壳体、零部件和观察窗等有无损坏现象。

(2)所有隔爆结合面有无损伤,隔爆间隙是否符合规定要求。

(3)操作机构应灵活,各部按钮应无卡阻现象,紧固件无松动,电气连接件接触良好可靠,进出电缆应压紧和密封。

(4)变电站各部分电气绝缘性能良好。

(5)移动变电站接地系统是否符合要求,主接地极和辅助接地极距离不得小于5m,接地

电阻不大于2Ω。

3. 各部检查无误后方可合高压负荷开关,变电站空载运行。

4. 合上低压馈电开关的电源隔离开关并按下复位按钮,检查各信号灯指示是否正常,检漏继电器是否投入工作。空气开关合闸送电后,可检查各信号灯及仪表指示是否正常。调节网路电容电流补偿数值。

三、实习准备

KSGZY型移动变电站若干台,活络扳手、套筒扳手、电工工具及起吊设备等。将实习学生分成若干组。

四、实习步骤

1. 首先了解移动变电站的构造、作用及原理。

2. 进行移动变电站合闸、分闸、试验等操作。

五、安全注意事项

1. 拆卸移动变电站时,要注意挂好吊绳、系牢吊件,以防发生脱落而碰坏设备和发生人身事故。

2. 拆卸的元件、螺栓要摆放整齐,防止丢失。注意保护各部隔爆面,严禁撞伤和划伤隔爆法兰面。

3. 在拆卸和安装过程中,要正确使用工具,防止损坏元件。

4. 操作中要注意设备和人身安全,防止发生意外事故。做到安全文明实习。

六、考核项目及评分标准

考核项目	配分	评分标准	得分
认识移变结构元件	20	每错一处扣5分	
看懂原理图并与实物相对照	20	看图每错一处扣5分 对照每错一处扣5分	
拆卸安装步骤	30	拆卸每错一处扣5分 安装每错一处扣5分	
合闸、分闸操作	30	高压侧每错一处扣10分 低压侧每错一处扣10分	
安全文明实习		违反一次扣10分	
总　分			

【思考与练习】

1. 简述KBSGZY型矿用移动变电站的组成及型号含义。

2. KBSGZY型矿用移动变电站有哪些连锁方法?

3. 简述KBSGZY型矿用移动变电站的使用方法。

任务二　PBG-250/6000B 型移动变电站高压真空配电装置

【知识点】

□了解移动变电站真空配电装置的结构组成。

□熟悉真空配电装置的工作原理及保护系统的工作原理。

【能力点】

□掌握高压真空配电装置的操作方法、使用方法。

【相关知识】

一、概述

PBG-250/6000B 型高压真空配电装置（以下简称“配电装置”）用于移动变电站控制变压器一次侧 6kV 电源，并作短路、过载、欠压、过压、断相、超温等保护，也可用于变压器的一次侧作为控制高压电源的高压开关。配电装置适用于具有瓦斯及煤尘爆炸危险的矿井中，安装变压器的高压侧，适用于频率 50Hz，电压 6kV、10kV，容量 3000kVA、5000kVA（3300V）或 2500kVA（1140V）、1600kVA 及以下移动变电站的高压开关。

1. 主要特点

（1）与变压器和低压综合保护箱组成先进的低压侧故障分断变压器高压侧电源的运行模式。

（2）具有独立的高压隔离腔室，运行及维护安全、可靠。

（3）高压开关腔设有观察窗，便于观察触头分合是否良好。

（4）结构合理，操作方便，并具备电动合闸及手动储能合闸双重机构。

（5）高压真空断路器分断容量大。

（6）对变压器具有温度保护功能。

（7）采用先进的可编程序控制器 PLC 和 GOT 系统。

（8）PLC 智能型综合保护器具有系统自检、故障诊断巡检及记忆功能，能够实时检测并数字化显示运行状态及故障指示，便于系统使用、维护和故障判断处理。

（9）保护功能齐全，有过载、短路、断相、过压、欠压、超温、上级电源紧急保护，并对低压侧反馈来的故障进行保护。

2. 使用环境条件

（1）海拔高度不超过 2000m。

（2）周围环境温度为 -5 ~ +40℃。

（3）周围空气相对湿度不大于 95%（25℃时）。

（4）具有瓦斯和煤尘爆炸危险的煤矿井下。

（5）无破坏金属和绝缘的腐蚀性气体及蒸气的环境中。

（6）能防滴水和无水浸的环境中。

(7)无强烈颠颤和冲击震动的环境中。

(8)与水平面的安装倾斜度不得超过 15°。

(9)污染等级 3 级,安装类别 T 类。

二、原理与结构

(一)结构特征

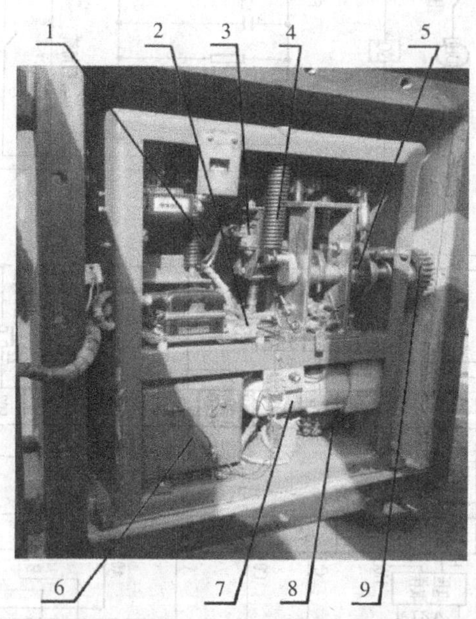

1—真空管;2—高压电路板;3—失压线圈;4—合闸弹簧;5—操作机构;6—电压互感器;7—合闸电机;8—合闸继电器;9—手动合闸

图 7-7　PBG-250/6000B 型移动变电站高压真空配电装置外形图

配电装置主要由隔爆箱、断路器和 PLC 智能型综合保护器(包括人机屏 GOT)三大部分组成。隔爆箱体分接线腔、隔离刀闸腔和断路器箱 3 个腔体,隔爆箱由箱体、箱门、盖板等组成。配电装置的外形结构如图 7-7 所示。箱体为长方形,中间隔板将整个箱体隔成 3 个防爆腔室。上腔接线腔左右两侧各有一只高压电缆引入装置。上腔隔离开关腔内装有一只刀闸隔离开关,并设有观察窗。下腔装有电流互感器、电压互感器和真空断路器,断路器由左右两根导条导入,并可以在两导条内部固定断路器。箱体右侧板上设有隔离开关分合闸手柄、断路器机械合闸手柄、机电闭锁装置等。

箱体前门内部装有 PLC、GOT、信号取样检测板,前门设有液晶显示窗,显示配电装置运行状态和各种故障状态。面板还设有参数设定按钮以及过载、短路、复位、急停、电合、电分、手分操作按钮,用于实现参数设定和功能操作。

配电装置的结构特性如下:

1. 具有独立的高压隔离开关,运行及维护安全、可靠。

2. 具有电动合闸和手动储能合闸双重机构。

3. 具有 2 种安装配套模式,可与国产变压器和进口变压器配套使用。

(二)电气原理图

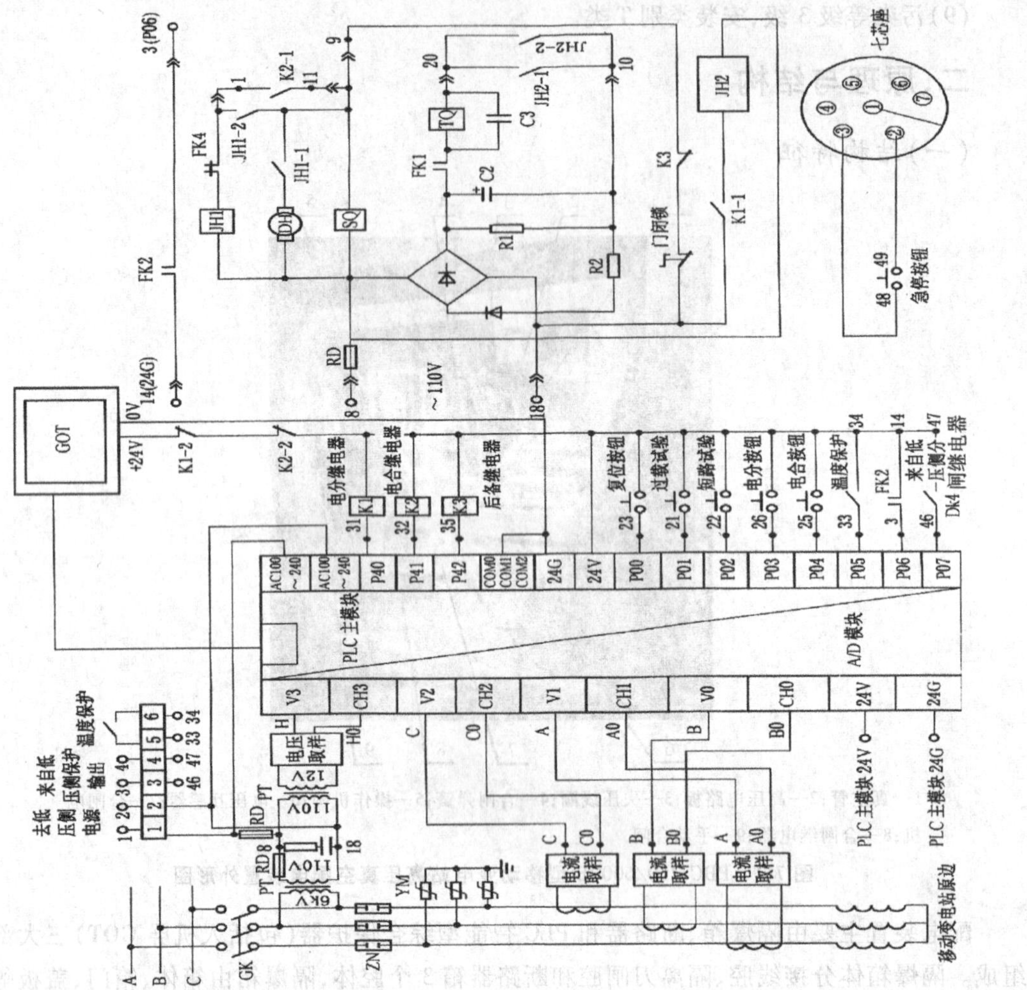

图 7-8　高压电气原理图

(三) 高压配电装置工作原理

参见高压电气原理图 7-8 和原理框图 7-9。

1. 合隔离开关，送高压，高压电压互感器（PT）二次输出 110V。

2. AC110V 给 PLC 供电，PLC 得电后，首先对整个系统自检，系统正常后 PLC 投入运行。PLC 输出 DC24 供给 GOT，GOT 显示电压、电流、功率等能数的主界面。其中，电压显示经真空开关的电压/电压转换器、取样电路送入 PLC、CH3、A/D 通道，经 PLC 处理后电压显示 6000V（10kV）、电流显示 0A、功率

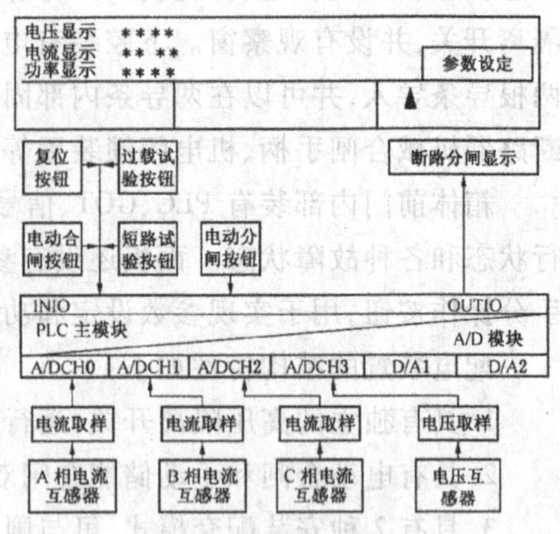

图 7-9　高压原理框图

显示 0kW 为正常,真空开关正常运行。

3. AC110V 同时供给真空断路器作合闸分闸的操作电源。电源失压时,真空断路器合不上闸。电源正常,可保证合闸操作时合上真空断路器,给负荷供电。

4. 真空开关正常运行后,即可对真空断路器进行合闸、分闸、试验等操作。如合闸后负荷启动,GOT 屏有电流、功率显示。其电流是取自 B 相电流/电压转换器、取样电路送入 PLC、CH0、A/D 通道,经 PLC 处理后显示实际电流值,同时按功率公式显示瞬时功率变化。

5. 真空开关运行后,PLC 对保护箱的主回路、控制回路电压、电流、绝缘等状态进行实时监控及显示;对系统的过载、短路、断相、过压、欠压等故障,PLC 根据各种逻辑关系,输出显示故障并同时把保护信号传送给高压真空开关的 PLC,驱动真空断路器分闸,从而实现对移动变电站的保护。同时 GOT 上显示故障画面。

输出控制和保护信号送给执行单元,驱动断路器上脱扣器动作,使断路器跳闸,从而实现保护,同时 GOT 上显示故障画面。

6. 在故障界面下,PLC 进行闭锁保护,保证电动合闸不执行合闸操作、手动合闸合不上。只有在故障处理后,按复位 GOT 显示主界面情况下,才能进行合分闸等操作。

三、保护特性

1. 过载保护

真空开关的过载 1.2 倍保护采样值取自 B 相电流—电压变换器,该取样值送入 PLC、CH0、A/D 通道。经 A/D 转变后送入 PLC 内部 D1 寄存器。当该寄存器内数据大于 PLC 过载整定设定值的 1.2 倍时,PLC 延时输出一开关信号,使高压真空断路器跳闸,动作时间小于 120s,同时人机屏显示过负荷故障画面。真空开关过载 1.5 ~6 倍保护采样值取自 A、C 相电流—电压变换器,该取样值送入 PLC、CH1、A/D 通道,经过 A/D 转换后送入 PLC 内部 D2 寄存器,当 A、C 任一相电流超过设定值时,PLC 按规定的反时限特性进行保护,同时人机屏显示过负荷故障画面。

2. 短路保护

真空开关的短路保护采样值取自 A、C 相电流—电压变换器,该取样值送入 PLC、CH1、A/D 通道,经 A/D 转换后送入 PLC 内部 D3 寄存器,当 A、C 任一相电流超过速断设定值时,PLC 送出一开关信号迅速使高压真空断路器动作,动作时间小于 80ms,同时人机屏显示短路故障画面。

3. 断相保护

PLC 在每个扫描周期内将送入 D1、D2、D3 寄存器内的电流值进行比较,找出电流最大值寄存器(如 D1),然后分别用 D1 减去其他两个寄存器内的数据。当差值持续超过设定电流值的 70% 达 15s 时,PLC 送出一开关信号使高压真空断路器动作,同时显示断相故障界面。

4. 欠压、过压保护

欠电压、过电压保护采样值取自真空开关电压/电压转换器,送入 PLC、CH3、A/D 通道。经 A/D 转换后送入 PLC 内部 D4 寄存器。PLC 在每个扫描周期内将 D4 内数据与额定电压值进行比较。当取样电压低于额定电压的 75%,或高于额定电压值的 115% 时,PLC 输出信号控制断开高压真空断路器,同时人机屏显示对应过压或欠压保护画面。

5. 超温保护

当变压器温度超过变压器设计温度时，PLC 控制瞬时断开高压真空断路器，同时人机屏显示移变温度过高界面。

6. 上级电源急停保护

当上级电源需要紧急停电时，按下真空开关的急停按钮，即可迅速停掉上级电源（与上级电源配电装置连接控制线时）。

【任务实施】

一、配电装置工频耐压试验

1. 绝缘水平检测

使用 2500V 摇表，一次对地、相间均应≥200MΩ。（摇测前要将电压互感器零点拆除，或拆除一次接线）

2. 工频耐压试验

试验前，先将压敏电阻器从高压主回路中拆除，高压综合保护器从断路器插座上拔出。高压主回路的相间、每相对地、真空断路器灭弧室的触头断口之间的耐压试验按试验规程进行。注意：检修后试验时按检修标准（降级）试验。

3. 三相 6kV（10kV）通电试验

（1）首先将真空开关的一切元器、电路恢复正常，把三相 6kV（10kV）电源从真空开关的电源接线腔室引入并送电。然后对各种电器元件的工作情况、综合保护器的工作情况逐一进行试验，工作应当正常。

（2）保护功能试验可以在一次（主回路）侧施加大电流或高电压，一般采用在二次侧施加电压（AC100～127V）信号法做各种功能试验，但此时必须断开一次侧高压回路。

4. 压敏电阻器试验

压敏电阻器在投入运行前和运行 1 年后，应进行一次预防性试验。压敏电阻器不允许做工频放电电压试验。试验可按如下项目进行。

（1）压敏电阻器两端施加直流电压（其脉动值不超过 ±1.5%），当电流稳定于 1mA 后测出的电压值不得低于 9.5kV，不合格的要及时更换。

（2）直流漏电电流试验。在压敏电阻器两端施加规定的直流电压（8kV），要求其脉动值不超过 ±1.5%，电压表指示稳定后测出微安表的电流值不应大于 30μA，不合格的要及时更换。

（3）绝缘电阻测量。用 2500V 摇表测量压敏电阻器两端之间的绝缘电阻应不小于 2500MΩ，不合格的要及时更换。

二、综合保护器参数设定

1. 短路保护

整定电流 6～10 倍的额定电流，动作时间小于 0.2s。

2. 过载保护

整定电流 1.2～6 倍的额定电流，动作时间为反时限特性。

3. 欠压保护

U 小于 85%，动作时间小于等于 16s。

4. 过压保护

U 大于 115%，动作时间小于等于 16s。

4. 断相保护

三相不平衡度大于 70%，动作时间 10 ~ 20s。

6. 超温保护

移动变电站内部温度继电器闭合后动作。

三、机械操作训练

1. 操作目的

掌握 PBG-250/6000B 型高压真空配电装置的机械操作。

2. 操作设备

PBG-250/6000B 型高压真空配电装置。

3. 操作内容

合闸、分闸、连锁。

4. 操作步骤

高压开关具有合闸、分闸 2 个位置。按下机械闭锁按钮后，向前推动手柄可进行合闸，向后拉动手柄可进行分闸。

(1) 合闸。操作储能手柄→带动离合器转动→通过手合机构→启动电合按钮→电合接触器闭合→通过电合机构驱动棘轮单向转动→储能弹簧逐渐拉伸→过中后能量释放→凸轮撞击脱扣器四连杆机构→推动主轴转动→四连杆机构拐臂推动绝缘子→闭合真空开关管→合闸，随着主轴转动合闸，分闸弹簧被拉伸以及触头弹簧被压缩而储能，使脱扣器四连杆机构过中后稳定下来，保持合闸位置。

(2) 分闸。按电分按钮→直流阀得到电源→冲杆撞击脱扣转子转动→脱扣器四连杆机构失去平衡→在分闸弹簧和触头弹簧的作用下主轴转动→四连杆机构拐臂带动绝缘子→拉开真空开关管→分闸。分闸后，3 个绝缘子的螺钉紧靠在分闸限位缓冲器上，保持分闸位置。

(3) 连锁。

①高压隔离开关与前门的连锁。高压隔离开关合闸时，高压开关前门由于连锁机构的旋入将不能打开。当需要打开前门时，必须将高压隔离开关打在分闸位置（此时真空断路器已处于分闸状态），门联锁螺杆才能旋出门联锁孔，高压配电装置前门才能打开。

②高压隔离开关与真空断路器连锁。高压隔离开关合闸后，高压隔离开关主轴连接操作手柄转盘与真空断路器形成机电闭锁，使高压隔离开关主轴无法转动。只有当按下高压隔离开关与真空断路器的机电闭锁后（此时真空断路器已处于分闸状态），高压隔离开关才能动作，这样从根本上保证了高压隔离开关在无载时才能合闸或分闸。

四、安装过程

1. 安装前准备

(1) 安装前应在地面仔细检查本装置各部位及隔爆面是否完好，有无因运输造成的损伤，内部插头、紧固件等是否松动。

(2)安装前还应进行必要的绝缘试验：用 2500V 兆欧表进行摇测，绝缘值不应小于 10MΩ；有条件的地方还应进行工频耐压试验（试验前应打开前门，将电压互感器高压引线从高压主回路中拆除，拔下保险管中综合保护器控制线插头）。

2. 安装程序

(1)用起重设备平稳吊起本装置，抽出后方法兰内的 3 条母线及七芯信号线，穿好上角 2 条螺栓，整体移向变压器相应法兰口。

(2)把信号线接入变压器七芯接线柱，2 条红黑色为 AC110V 电源线，接 1、2 号端子；黄色线为控制线，接 3、4 号端子。不可接错，否则将造成保护元器件的损坏。

(3)将 3 条母线电缆接入相应端，注意压平垫和弹簧并确认紧固，以防松动造成打火和接触电阻过热。

(4)对平法兰口，旋入预穿 2 条螺栓到适当位置（注意不能造成电缆和信号线的损伤），穿入其他螺栓并保证孔位平滑旋入，放松起吊线缆，旋紧螺栓。

(5)用 0.5mm 塞尺检查防爆间隙。

注意：1140/660V 电压转换（除 3300V 以外）在确定低压侧输出电压后，把主板上相应的按钮拨到相应的电压位置上。

五、整定

PLC 智能型综合保护器和 GOT 组成保护显示系统，参数整定通过 GOT 直接完成，参数整定灵活方便，故障画面直观明了。

整定过程方式如下（人机屏 GOT 开机后显示运行界面如图 7-10 所示）。

第一步：在运行状态下按下参数设定键“◄”，进入参数设定界面，如图 7-11 所示。

第二步：按下 SET 键一下，第一条“过流整定”数据区光标闪烁，按“▼ ▲”增减数值，按“◄”键移动光标至所需位置。直至输入所需数值，再按 ENT 键“过流整定”数据设定完成。

第三步：再按下 ENT 键，光标自动进入“短路整定”数据区，参数设定同第二步。

第四步：再按下 ENT 键，进入“功率因数”数据区，参数设定同第二步。

第五步：数据设定完成后，按下确认键“▲”同时蜂鸣器出现“滴”的一声提示音，则表明人机屏内部数据已传输进 PLC。（注：输入有效时，蜂鸣器响 1 次，输入无效时，蜂鸣器响3 次）。

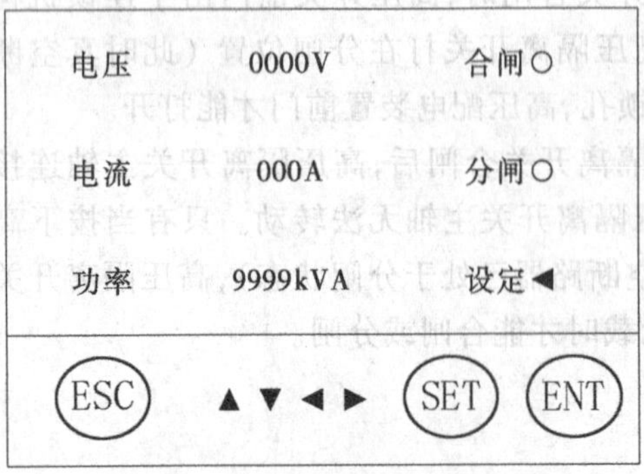

电压　0000V　合闸○
电流　000A　分闸○
功率　9999kVA　设定◄
ESC
▲ ▼ ◄ ►
SET
ENT

图 7-10　运行状态图

A 返回
过流整定
◄
短路整定
倍　确定
功率因数
S▲
ESC
▲ ▼ ◄ ►
SET
ENT

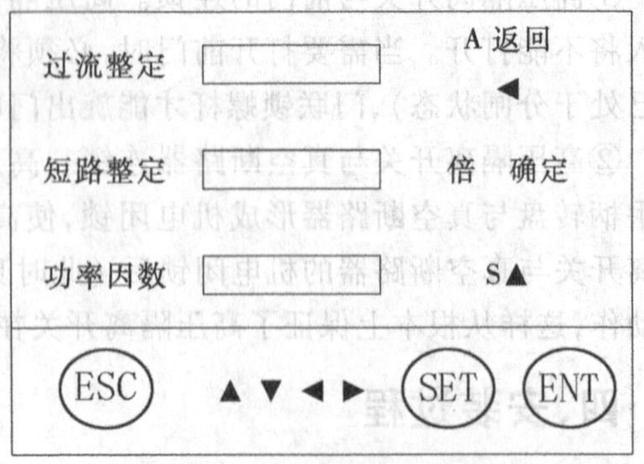

图 7-11　参数设定界面

例:过流设定值为218A,短路保护为8倍。过流整定值的设定方法为:按下参数设定键“◀”出现设定画面,按下设定“SET”键,过流整定数据区个位数光标闪烁,按“▲”键8次或按“◀”2次使个位数为8,然后按“◀”键移动闪烁光标至十位数,按“▲”使十位数为1,再按“◀”键移动闪烁光标至百位数,按“▲”键2次使百位数为2,按下“ENT”键,过流整定设定完成。按下“SET”键2次使短路设定数据区光标闪烁,按“▲”键8次或按“▼”2次使短路设定值为8,按下“SET”键3次使功率因数数据光标闪烁,按“◀”使个位闪烁,按“▲”为8,按“ENT”键功率因数设定完成,确认全部正确按“▲”使参数输入PLC。按下“◀”键,人机界面显示工作画面。

六、密码的使用

GOT设定密码情况,设定有密码保护的键,只有解除密码才能解除动作。

监视模式中按住【ENT】键3s,显示如下所示画面。

1. 取消锁住密码
2. 锁定密码
3. 密码变更

选择不同选项,按【ENT】键后出现如下情况:

选择1号:

a. 输入当前设定密码,即可解除密码,显示:【取消锁住密码】。

b. 密码没有设定情况,画面显示下列信息:【密码不存在】。

以上2种情况均可按【ESC】2次返回监视模式,并执行设定参数的动作。

选择2号,锁定密码。显示:【密码已锁定】。

按【ESC】2次返回监视模式,不可执行设定参数的动作。

选择3号,可以变更当前的密码。

密码设定可以设定到4位以内的10进制数。

密码设定为0的情况成为无密码状态。

七、试验训练

1. 训练目的

掌握配电装置使用前的配电试验。

2. 训练器材

2500V摇表、8kV直流电源。

3. 训练内容

绝缘水平试验、三相6kV(10kV)通电试验。

4. 训练步骤

(1)绝缘水平试验。

①使用25kV摇表摇测,一次对地、相间绝缘值均应大于等于200MΩ。摇测前要将电压

互感器零点拆除,或拆除一次接线。

②工频耐压试验。试验前,将压敏电阻从主回路中拆除,高压综合保护器从断路器的插座上拔出。高压主回路的相间、每相对地、真空断路器的灭弧室的触头断口之间的耐压试验按有关规定进行。

(2)三相6kV(10kV)通电试验。首先将配电装置的元器件、电路恢复正常,把三相电压6kV(10kV)配电装置的电源自接线腔室引入,送电;然后对各种元器件的工作情况、综合保护器的工作情况逐一进行试验,保证工作正常。

(3)保护功能试验可以在一次(主回路)侧施加大电流或高电压,一般采用在二次侧施加电压(AC100-127V)信号法做各种功能试验,但此时必须断开一次侧高压回路。

(4)压敏电阻在投入运行前和投入运行1年后,应进行预防性试验。压敏电阻不允许做工频放电电压试验。试验可按以下项目进行:

①压敏电阻器两端施加直流电压(其脉冲值不超过±1.5%),当电流稳定于1mA后,测出的电压值不得低于9.5kV。

②直流漏电电流试验。在压敏电阻器两端施加规定的直流电压(8kV),要求其脉动值不超±1.5%,电压表指示稳定后测出微安表的电流值不大于30μA。

③绝缘电阻测量。用2500V摇表测量压敏电阻器两端之间的绝缘电阻,其值应不小于250MΩ。

八、使用操作训练

1. 训练目的

掌握PBG-250/6000B型移动变电站高压真空配电装置的使用方法。

2. 训练器材

PBG-250/6000B型移动变电站高压真空配电装置。

3. 训练内容

隔离开关合闸,断路器合闸,断路器分闸。

4. 训练步骤

(1)隔离开关合闸。

①等待上级电源送电后,按住机电闭锁按钮,操作隔离开关手柄至“合闸”位置,松开闭锁按钮使之进入限位凹槽,隔离开关合闸。

②隔离开关合闸后,系统首先进行自检,正常状态下自检完毕后显示运行画面。

③观察低压保护箱人机屏显示是否正确,正常后进行参数整定,复位待机。

(2)断路器合闸。

①顺时针操作储能手柄,反复转动几次(小范围)即可完成合闸。

②按电动合闸按钮,合闸电机启动,电合接触器保持至完成合闸。合闸后人机屏显示合闸,辅助开关合闸电机回路接点断开,储能手柄将进入分离位置,防止重复启动及储能。

③再次合闸。仔细检查高压侧人机屏显示故障的原因,再检查低压侧人机屏显示故障的原因。

故障排除并复位后,重复以上步骤;故障不排除不可重复合闸。

(3)断路器分闸。

①任何高压保护范围内的故障均可使断路器自动分断,保护器将记忆故障原因,直至排除故障,按复位按钮后解除。

②人为分断可按电分按钮,通过综合保护器实现断路器分断;按闭锁按钮,通过控制失压试验电磁铁回路使断路器分闸;按手动分闸按钮可实现机械快速分断。

③移动变电站可通过低压侧试验按钮实现分断高压侧电源。

(4)其他操作说明。

①大门闭锁螺杆主要控制隔离开关的操作,即开门时不能送电合闸;大门闭合后必须旋紧该螺杆,才能操作高压隔离开关。

②远控接线口内部为七芯接线柱,主要用于输出开关状态接点信号(常开点),用来远程分断上级供电装置。

③按"过载"、"短路"等试验按钮时,人机屏显示相应过载画面;按复位按钮方可返回正常画面。

④高压 PLC 接线按图 7-12 进行。

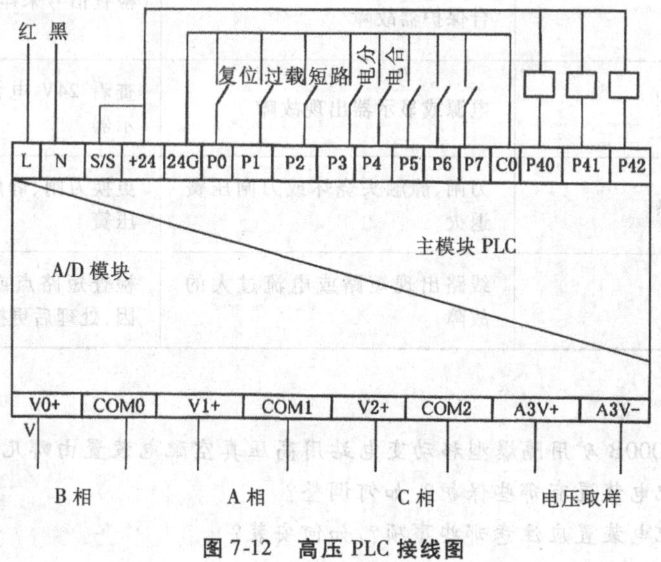

图 7-12 高压 PLC 接线图

九、保养检修

(1)配电装置带电正常运行中,每隔半年应检查隔爆面。发现锈斑时,须用 0 号纱布把锈斑打磨干净并进行防锈处理。

(2)配电装置在井下 1 周以上,在送电前应当注意各电气元件是否出现因受潮而引起绝缘水平降低的情况。

(3)配电装置正常运行中,每年应对压敏电阻进行一次预防性试验,试验按有关规定进行。

十、故障分析与排除

表 7-2　故障分析与排除

故障原因	原因分析	排除方法
真空断路器、电动合闸拒合，手动合闸正常	控制线路、合闸中间继电器、断路器合闸电动机故障	查看控制继电器，检修控制线路、中间继电器或电动机
真空断路器手动、电动合闸均拒合	断路器的锁扣机构失灵，失压电磁铁故障	查看电磁铁和手分连杆是否在正常位置，检修锁扣机构、失压电磁铁
真空断路器手动分闸正常，电动分闸拒分	控制线路、断路器分闸电磁铁故障	检修控制线路，查看限流电阻和分闸电磁铁
真空断路器手动、电动均拒动	断路器脱扣器机构故障	检修脱扣机构
过载、短路、断相、欠压、过压等保护工作不正常	信号采样电路故障或 PLC 综合保护器故障	检查信号采样电路或更换 PLC
液晶显示器不显示	电源或显示器出现故障	查看 24V 电源，更换液晶显示器
隔离开关严重发热	刀闸、静触头烧坏或刀闸压簧退火	更换刀闸、静触头的接线柱或压簧
低压熔芯烧断	线路出现短路或电流过大的故障	检查短路点或电流过大的原因，处理后更换熔芯

【思考与练习】

1. PBG-250/6000B 矿用隔爆型移动变电站用高压真空配电装置由哪几部分组成？
2. 高压真空配电装置有哪些保护？如何调整？
3. 使用高压配电装置应注意哪些事项？如何安装？

任务三　BXBD-800/1140(660)矿用隔爆型低压综合保护器

【知识点】

□了解 BXBD-800/1140(660)矿用隔爆型综合保护器的结构组成。

□了解移动变电站低压综合保护器的工作原理。

【能力点】

□掌握移动变电站低压综合保护器的使用方法。

【相关知识】

一、概述

1.用途与功能

BXBD-800/1140(660)矿用隔爆型低压综合保护器(以下简称"低压保护器")适用于具有瓦斯和煤尘爆炸危险的煤矿井下,安装在移动变电站的低压侧,对低压电网的各种故障进行检测,并将故障断电信号传递给高压配电装置,由高压配电装置切断高压侧电源。该低压保护器作为井下1140V或3300V矿用隔爆型移动变电站的低压配电装置,与干式变压器、高压配电箱组成移动变电站系统,可实现过载、短路、漏电、漏电闭锁、过压、欠压、后备跳闸保护。

2.主要特点

(1)与变压器、高压开关配套,组成先进的低压侧过载分断高压侧电源的运行模式。

(2)所有故障均通过信号线驱动高压侧真空断路器分断高压侧电源,从而降低了分断电流,克服了低压馈电开关的频繁分断故障,同时也克服了变压器低压绕组至低压馈电开关回路漏电移动变电站的问题,避免了因故障烧毁变压器的重大事故。

(3)保护器分为双侧最多四回路出线,能够满足多重负荷的连接。

(4)采用先进的智能化可编程序控制器PLC和人机屏GOT(液晶显示器及操作键盘)系统,参数设置灵活方便、质量稳定、动作性能灵敏可靠、运行及故障界面直观简明。

(5)PLC智能型综合保护器具有系统自检、故障诊断及记忆功能,能够实时检测并数字化显示运行状态及故障指示,便于系统使用、维护和故障判断处理。

(6)保护功能齐全,有过载、短路、漏电、漏电闭锁、过压、欠压、后备跳闸等保护。

3.使用环境条件

与PBG-250/6000B型高压配电装置相同。

4.结构特征

保护器主要由防爆箱、断路器和PLC智能型综合保护器(包括人机屏GOT)三大部分组成。隔爆箱体分为接线腔和保护箱2个箱体。隔爆箱由箱体、箱门、盖板等组成。

箱体为长方形,中间隔板将整个箱体隔成2个防爆腔室。上腔接线腔左右两侧各有2只电缆引入装置。下腔装有信号取样单元和保护单元。箱体右侧板上设有闭锁开关分合转盘。箱体前门内部装有PLC和GOT,面板设有液晶显示窗,显示保护箱的运行状态和各种故障状态。面板上还设有参数设定按钮以及过载、短路、漏电、分位、电分按钮,用于实现参数设定和功能操作。保护器的外形结构如图7-13

图7-13　BXBD-800/1140馈电开关外形图

所示。

二、工作原理

1. 高压配电装置电压互感器(PT)二次侧输出 AC1140V 电压,通过变压器四芯接线柱输入到低压侧,作为 PLC 智能型低压综合保护器的工作电源。

2. 低压互感器(TB1)二次输出 AC12V 低压,经采样处理后作为低压信号输入给 PLC,用于主回路低压显示并同时作为合分闸信号显示。

3. 当低压保护箱投入运行后,PLC 首先对整个系统进行自检,系统正常后方可投入运行。

保护器运行后,PLC 对保护器的主回路、控制回路的电压、电流、绝缘等状态进行实时监控显示;对于系统的过载、短路、漏电、过压、欠压等故障,PLC 根据各种逻辑关系输出显示故障,同时把保护信号传递给高压配电装置的 PLC,驱动真空断路器分闸,从而对移动变电站进行保护。

三、保护特性

1. 过载保护

保护器的过载保护采样值取自 B 相电流—电压变换器,该取样值送入 PLC、CH0、A/D 通道,经 A/D 转变后送入 PLC 内部寄存器 D1。当该寄存器内数据大于 PLC 内部设定值的 1.2 倍时,PLC 延时输出一开关信号传输至高压侧,使高压侧真空断路器跳闸,动作时间小于 120s,同时人机屏显示过负荷故障画面。本装置的过载 1.5 ~6 倍保护采样值取自 A、C 相电流—电压变换器,该取样值送入 PLC、CH1、A/D 通道,经 A/D 转换后送入 PLC 内部寄存器 D2。当 A、C 任一相电流超过设定时,PLC 按规定的反时限特性进行保护动作,同时人机屏显示过负荷故障画面。

2. 短路保护

本装置的短路保护采样值取自 A、C 相电流—电压变换器,该取样值送入 PLC、CH1、A/D 通道,经 A/D 转换后送入 PLC 内部寄存器 D3,当 A、C 任一相电流超过速断设定值时,PLC 送出一开关信号迅速传输至高压侧,使高压真空断路器分闸,动作时间小于 0.2s,同时人机屏显示短路故障画面。

3. 漏电保护及漏电闭锁

保护器的漏电保护和漏电闭锁采取附加直流电源的方式来实现。当系统漏电或绝缘值降低时,附加直流电源的电流通过设备外壳、大地、电缆线、三相电抗器、零序电抗器和取样电阻流回电源负极,当采样内数据大于 PLC 内部漏电保护闭锁规定值时,PLC 保护动作,人机屏显示漏电保护或闭锁画面,同时 PLC 送出一开关信号迅速传输至高压侧,使高压真空断路器分闸。

4. 欠压、过压保护

欠压、过压保护采样值取自配电装置电流—电压转换器,该取样值送入 PLC 内部寄存器 D5。PLC 在每个扫描周期内将 D5 内数据与设定值进行比较,当取样电压低于设定电压的

80%或高于设定值的120%时,人机屏显示对应的保护画面,同时PLC送出一开关信号迅速传输至高压侧,使高压真空断路器分闸。

5. 后备保护跳闸

保护器的七芯座设有一组接点,该接点可根据实际情况连接开关信号。当下级启动器接点粘连时,启动器传给保护器1个闭合信号,PLC控制断开高压真空断路器,同时人机屏显示对应画面。

6. 联锁

(1)与前门联锁:低压保护器运行时,低压保护器前门由于联锁螺杆的旋入将不能打开。当需要打开前门时,必须把低压保护器合闸手柄打在“分闸”位置,门联锁螺杆才能旋出门连锁孔,低压保护器前门才能打开。

(2)与高压开关联锁:当低压保护器合闸手柄打在“分”位置或低压侧显示故障时,通过高压联系通信线控制高压侧断路器跳闸,并通过保护继电器闭锁使真空断路器不能再吸合,使低压侧无电压;只有当低压前门闭锁打在“合”位置时,高压开关真空断路器在电动或手动合闸时才能吸合,这样从根本上保证了高压开关只有在低压保护器处于运行位置和无故障状态下才能合闸。芯板元件布置如图7-14所示。

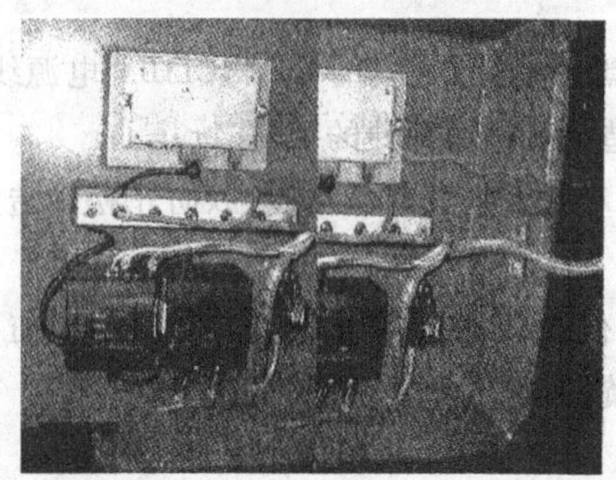

图7-14　芯板元件布置图

【任务实施】

一、安装训练

1. 训练目的

掌握BXBD-800/1140(660)矿用隔爆型低压综合保护器的安装方法。

2. 训练器材

BXBD-800/1140(660)矿用隔爆型低压综合保护器。

3. 训练内容

BXBD-800/1140(660)矿用隔爆型低压综合保护器的安装方法。

4. 训练步骤

(1)安装前应在地面仔细检查低压综合保护器各部位及隔爆面是否完好,有无因运输造成的损伤,内部插头、紧固件是否有松动。

(2)安装前应进行必要的绝缘试验:用 2500V 兆欧表进行摇测,绝缘值不应小于 10MΩ;有条件的地方应进行工频耐压试验(试验前打开前门,解除电压互感器 PT 和主回路,拔下保险管和综合保护器控制线插头)。

(3)安装程序:

①变压器内部七芯信号线按如图 7-15 所示布置。

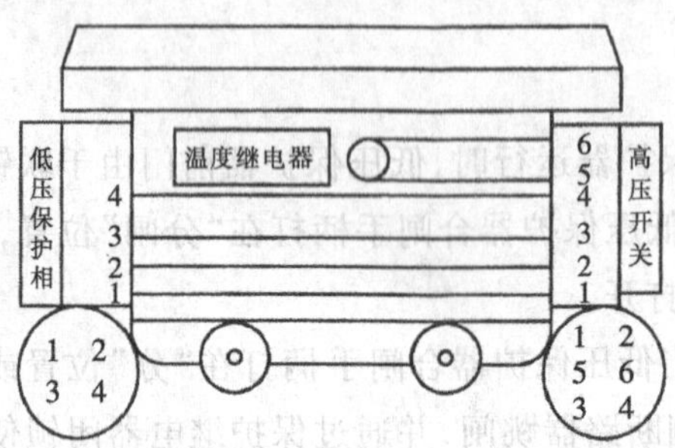

图 7-15 移动变电站信号线连接图

②用起重设备吊起本装置,抽出后方法兰内的 3 条母线及七芯信号线,穿好上角 2 条螺栓,整体移向变压器相应法兰口。

③将信号线接入变压器七芯接线柱,2 条红黑线接 1、2 号端子,为 AC110V 电源线;黄色线接 3、4 号端子,为控制线。不能接错,否则将造成保护器元件的损坏。

④将 3 条母线电缆接入相应端,注意压平垫和弹簧垫并确认紧固,以防止松动造成打火和接触电阻过热。

⑤对平法兰口后,旋入预穿 2 条螺栓到适当位置(不能造成电缆和信号线的损伤),穿入其他螺栓并保证孔位平滑旋入,放松起吊线缆,旋紧螺栓。

⑥用 0.5mm 塞尺检查防爆间隙,完成安装。

注意:1140/660V 电压转换(除 3300V 以外)在确定低压侧输出电压后,把主板上相应的拨钮打到相应电压值的位置上。

二、整定训练

BXBD-800/1140 矿用隔爆型低压综合保护箱的整定方法与 PBG-250/6000B 型高压配电装置的综合保护器的整定方法相同,在这里不再讲述。

三、试验训练

低压保护器的有关试验方法与 PBG-250/6000B 型高压配电装置的试验方法相同,在这里不再讲述。

四、其他操作训练

1.5m 辅助接地极:由于综合保护器为大容量移动变电站配套设备,因此漏电补偿电路采用距离小于 1000m 的补偿方案,即辅助接地线接右出线腔内相应端子,末端在大于 5m 处可靠接地,不可接设备外壳。

2. 漏电试验按钮主要通过 PLC 漏电检测单元实现漏电保护的完整自检,从而克服了大门自检按钮只作用于保护器入口部分的局限性。

3. 保护电源开关主要控制来自高压侧电压互感器 AC110V 电源,关断时保护继电器闭锁,高压开关不能合闸。

4. 大门闭锁螺杆主要控制电源开关的操作,即开门时不能送电合闸,大门闭合后必须旋紧螺杆,才能闭合电源开关。

5. 按过载、短路、漏电等试验按钮时,人机屏显示相应故障界面,按复位按钮后方可返回正常界面。

6. 后备跳闸远控接线口内部为七芯接线柱,主要用于输出开关状态接点信号,控制断路器失压电磁铁回路,使断路器分断。

五、使用操作训练

1. 高压侧隔离开关合闸后,系统首先进行自检,正常状态下自检完毕后显示运行画面。

2. 保护器人机屏显示正确后,进行参数整定,复位待机。

3. 保护器人机屏显示漏电闭锁画面时,保护器不能复位。排除线路漏电故障并复位后方可送电。

4. 保护器右侧电气闭锁转盘指针在合闸位置时,高压断路器可以进行合闸操作。

5. 低压侧分断高压配电装置电源:按下保护器电分按钮(高压断路器在合闸位置时),高压侧断路器立即分闸。

6. 正常运行漏电跳闸后,人机屏显示漏电故障画面,排除线路漏电故障并复位后方可进行送电操作。

7. 低压 PLC 接线如图 7-16 所示。

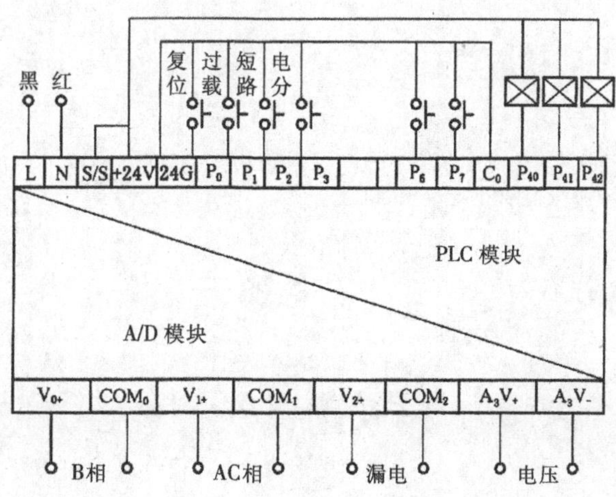

图 7-16 低压 PLC 接线图

六、故障分析与故障排除训练

低压保护器如出现故障，应按电气原理图和接线图进行查找，并根据表 7-3 进行处理。处理故障时必须根据实际情况和实际经验依据电气原理来判断处理。

表 7-3　低压保护器故障分析与故障排除

故障现象	原因分析	排除方法
高压侧真空断路器电动合闸拒合	电气闭锁转盘指针在分闸位置，控制线路或故障未复位	将电气闭锁转盘指针旋转至合闸位置，检修控制线路或故障复位
过载、短路、漏电、欠压、过压等保护工作不正常	主回路故障，信号采样线路、漏电单元及电抗器故障，或 PLC 综合保护器故障	检查主回路、信号采样线路、漏电单元及电抗器，或检查 PLC 综合保护故障
低压熔芯烧断	线路有短路故障或漏电单元损坏	检查故障点，或更换漏电单元
启动或停止漏电	启动器真空管相不平衡	维修启动器或增加漏电延时跳闸

【思考与练习】

1. 简述 BXBD-800/1140 型低压综合保护器的工作原理。
2. 说明低压综合保护器的作用及组成部分。
3. BXBD-800/1140 型低压综合保护器有哪些保护？这些保护如何调整？
4. 当显示屏上显示短路（过载、漏电）故障时应如何处理？

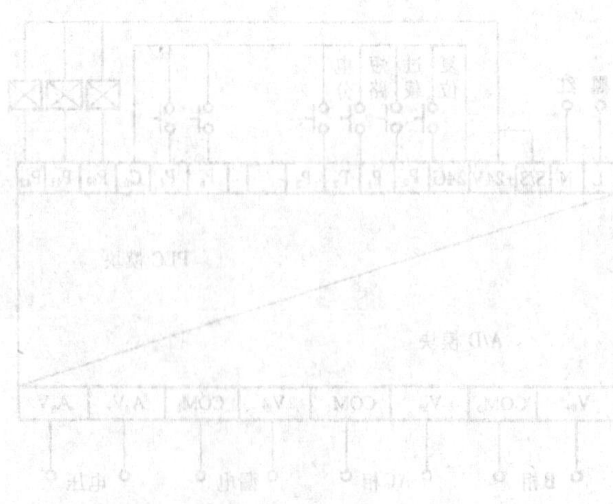

项目八　漏电及其保护装置

【知识点】

□了解煤矿采区常用漏电保护装置的结构及工作原理。

【能力点】

□正确地使用、维护漏电保护装置，掌握漏电故障的排除方法。

【任务描述】

电气设备及其供电线路的绝缘如果受潮或者受到损伤，便可能发生漏电。其结果不仅会引起人身触电，而且还会使绝缘情况进一步恶化，以致发展为相间短路。漏电故障如果不能及时排除，将严重地危及矿井安全。因此，煤矿井下的电气设备必须装设漏电保护装置。

【任务分析】

煤矿井下的电气设备及其供电线路发生漏电故障时，其典型的特征是供电线路的对地电流超过正常值，产生一定的零序电流、零序电压。利用这些参数的变化，在发生漏电故障时，迅速检测到漏电故障，及时、迅速、可靠地切断漏电线路，就能避免漏电故障造成的危害。

【相关知识】

安全供电是保证矿井安全生产的重要条件。与井上条件相比，井下环境比较恶劣，容易发生各种电气事故，因此，需要采取必要的安全措施，设置可靠的保护装置，才能提高矿井生产的安全水平。煤矿井下最重要的电气保护是过流保护、漏电保护和保护接地，即井下供电系统三大保护。

电气设备及供电线路的绝缘如果受潮或损伤，便有可能发生触电，其结果不仅会引起人身触电，而且还会使绝缘情况进一步恶化，以致发展为相间短路。短路故障如果不能及时排除，将严重地危及矿井安全。因此，必须采取灵敏可靠的漏电保护装置。

在某些场所使用分相屏蔽电缆以后，虽然可使短路事故大大减少，但是，对于整个矿井供电系统来讲，短路事故仍是难以避免的，故短路保护装置必不可少。同时，当漏电保护装置失去作用时，漏电就有可能发展成短路，这样短路保护就可成为漏电保护的后备保护。

另一方面，当电气设备内部发生短路而短路保护又拒绝动作时，炽热的短路电弧有可能将防爆外壳烧穿，使之失去防爆性能而产生不堪设想的后果。此时，如果漏电保护装置能够及时可靠地动作，将故障电源切断，就能够防止事故的扩大。这样，漏电保护又成为短路保护的后备保护。但是，应该注意，对于与地不相联系的短路事故或电弧，漏电保护装置是无能为力的。

总之，无论对于漏电保护装置还是短路保护装置，要求它们的动作一定要迅速且准确可靠，并要求它们之间有一定的后备保护作用。此外，不管漏电保护装置是否工作，保护接地装置都是一种极为重要的安全用电保护措施,绝对不能轻视。

三大保护是煤矿井下安全供电的主要技术措施,对确保矿井安全、发展生产起着十生重要的作用。

一、触电的危险性及预防方法

(一)触电的危险性

人身接触带电体或绝缘遭到破坏的电气设备外壳时,都有可能造成触电事故。触电对人体组织的破坏作用很复杂,但大体上可以分为电击和电伤两个方面。电击是指电流通过人体内部,造成人体内部组织的损伤和破坏;电伤是指强电流瞬间通过人体某一局部或形成电弧烧伤人体,使外表器官遭到破坏,当烧伤面不大时,不至于有生命危险。在触电事故中,多数是由电击造成的,而且电击的危险性也高于电伤。

触电对人身的危害是由多种因素所决定的,但通过人体电流的大小和持续时间的长短是起决定作用的因素。触电的危害程度,取决于通过人体的电流与作用时间乘积的大小。表 8-1 列出了通过人体电流值及其对人体组织的危害程度。从表中可以看出,当电流为 50mA 以上时,短时间触电即可发生心室纤颤,以致死亡。对于煤矿井下条件,一般规定 30mA 作为通过人身的极限安全电流值。

流经人体电流值的大小,与人体电阻的大小有密切关系。人体电阻主要是人体表面皮肤角质层的电阻,它的数值变动很大,与人的皮肤有无损伤以及潮湿程度等有关。由于煤矿井下特别潮湿、多尘,条件差,所以在研究触电对人体的危害时,规定取 1kΩ 作为人体电阻计算值。我国规定 30mA · s 为安全值,通过人体的最大安全电流值(交流)为 30mA。

表 8-1　通过人体的电流及其对人体组织的危害

电流(mA)	危害程度	
	交流(50~60Hz)	直流
2~3	手指强烈发抖	无感觉
5~7	手抽筋	感觉发热、痒
8~10	手感到疼痛,但尚能摆脱带电体	强烈发热
20~25	手麻痹,呼吸困难,不能摆脱带电体	发热加重,手上肌肉开始收缩
50~80	心室开始颤动,呼吸受遏止	手上肌肉收缩、抽筋、呼吸困难
90~100	心室颤动,呼吸受遏止,反应更加剧	反应较上述加剧

另外,流过人体的电流与人身接触电压的高低也有很大关系,电压越高,电流越大。我国规定:在没有高度危险的工作环境下,安全电压采用 65V;在有高度危险的环境下,安全电压采用 36V;在特别危险的环境下,安全电压采用 12V。

(二)触电的预防方法

由于矿井的特殊条件,触电的可能性是很大的,因此必须采取有效措施加以防范。下述一些方法,可以防止或减小触电对人体的危害。

1. 使人身不接触或不接近带电体

将带电裸导体置于一定高度,或者加保护遮拦,使人身接触不到;矿用电气设备的外壳与外盖间设置可靠的机械闭锁装置，以保证未合上外盖时不能送电，通电后不能打开外盖。将电气设备的带电部件和电缆接头全部封闭在外壳内。操作高压回路时必须戴绝缘手套、穿绝缘靴，以防触电。

2. 人身接触较多的电气设备采用低电压

人身接触机会多的电气设备造成触电的机会较多，为保证安全，应采用较低的电压供电。例如：手持煤电钻、照明设备等工作电压不得超过127V，井下控制回路的电压不得超过36V。

3. 设保护接地装置

当电气设备的绝缘损坏时，可能使正常不带电的金属外壳或支架带电，如果人身触及这些带电的金属外壳或支架，便会发生触电事故。

为了防止这种触电事故，应采取有效的保护接地措施，即将正常时不带电的金属外壳和支架接地，确保人身安全。用来实现电气设备外壳或支架接地的引线和接地极，称为接地装置。

4. 设漏电保护装置

《煤矿安全规程》规定，矿井高压和低压电网必须装设漏电保护装置。一旦发生人身触电事故，应立即切断电源，确保安全。

5. 井下及向井下供电的变压器中性点禁止直接接地

根据有关资料表明，单相接地电流为33mA时，所产生的电火花不会引燃瓦斯、煤尘爆炸。为保证人身安全，减小单相接地电流产生电火花而引起瓦斯、煤尘爆炸的可能性，我国煤矿井下低压配电网采用变压器中性点不接地系统。

在中性点绝缘系统，当电网对地分布电容较大情况下，若发生触电事故，尽管流过人身的电流值比中性点直接接地系统的电流值小，但人体触电的危险性仍然很大。因此，除井下变压器中性点禁止直接接地外，还必须装设漏电保护装置或漏电监视装置（高压），才能确保安全供电。

6. 严格遵守《煤矿安全规程》中的有关规定和安全作业制度

严格遵守有关规定和制度，如不带电检修，搬迁电气设备，工作票制度，工作许可证制度，停，送电制度，工作监护制度等。

二、地面低压电网的漏电保护

（一）漏电保护器的种类

根据其保护功能和结构特征，漏电保护器可分为分装式漏电保护器、组装式漏电保护器和漏电保护插座三类。其中组装式漏电保护器是将零序电流互感器、漏电脱扣器、电子放大器、主开关组合安装在一个外壳中，其使用方便，结构合理，功能齐全，所以是目前使用最多的一种。

根据其动作原理，漏电保护器可分为电压动作型、电流动作型、电压电流动作型、交流脉冲型和直流动作型等。由于电流动作型的检测特性好，使用零序电流互感器作检测元件，安装在变压器中性点与接地极之间，可构成全网的漏电保护；安装在干线或支线时，可构成干线或支线的漏电保护。

（二）绝缘监视装置

在变电所中，一般均装设绝缘监视装置来监视电网对地的绝缘状况。图8-1所示是决缘监视装置的原理接线图。该装置由三相五柱式电压互感器、三个电压表和一个电压继电器组成。

三相五柱式电压互感器有五个铁芯柱,三相绕组绕在其中的三个铁芯柱上,如图 8-2 所示。原绕组接成星形,副绕组有两组,一组接成星形,三个电压表接在相电压上;另一副绕组接成开口三角形,开口处接一电压继电器,用来反映线路单相接地时出现的零序电压。电压互感器的中性点必须接地。

正常运行时,电网三相对地电压对称,无零序电压产生,三个电压表的读数相同且指示的是电网的相电压,接在开口三角处的电压继电器的电压接近零值,不动作。

当电网出现接地故障时,接地一相的对地电压下降,而其他接线两相对地电压升高,同时出现零序电压,使电压继电器动作,发出接地故障信号。运行人员听到接地信号后,通过三个电压表的指示,可以知道哪一相发生接地故障。由于绝缘监视装置的动作没有选择性,要查找具体故障点,必须依次断开各个线路。当断开某一线路时,三个电压表的指示又回到相等状态,系统恢复到正常时,说明该线路即是故障线路。此方法虽然简单,但查找故障要使无故障的用户暂时停电,且时间也长,因此,在复杂和重要的电网中,还需要有选择性的接地保护装置,即零序电流保护和零序功率方向保护。

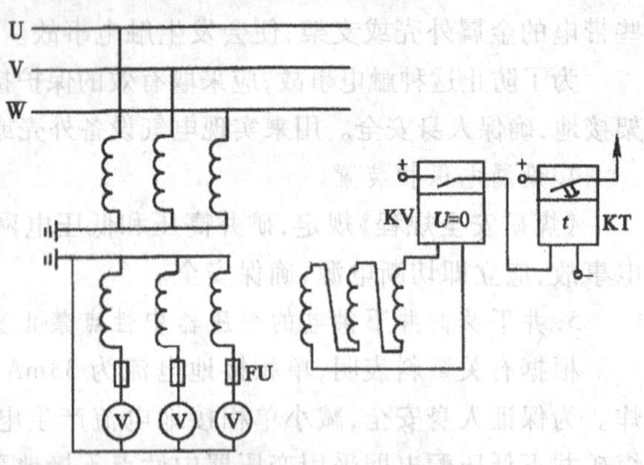

图 8-1 电网绝缘监视装置的原理接线图

(三)零序电流保护

零序电流保护是利用故障线路零序电流比非故障线路零序电流大的特点,实现有选择性的保护。

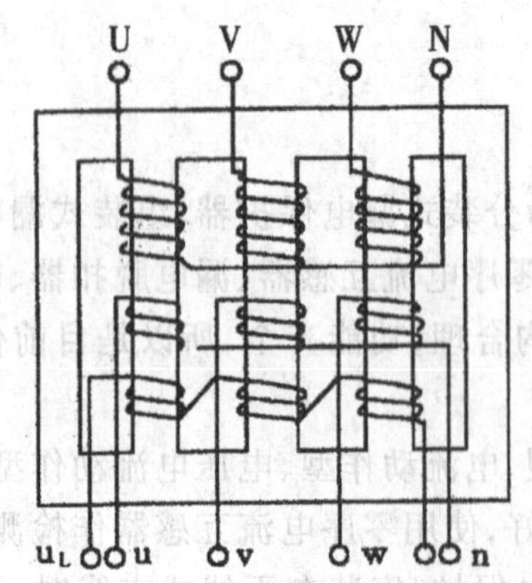

图 8-2 三相五柱式电压互感器结构图

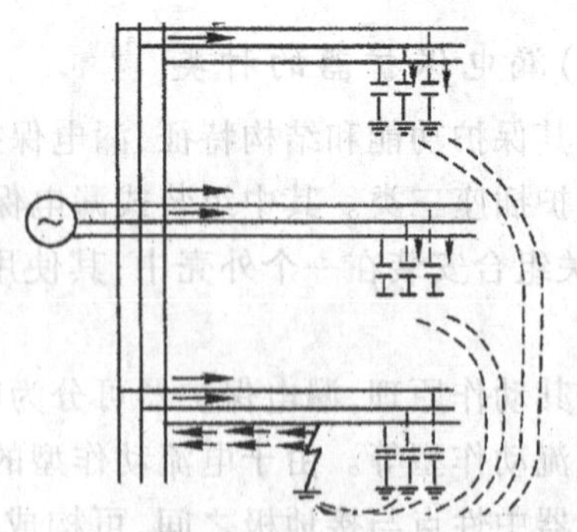

图 8-3 单相接地时电容电流分布图

在正常情况下,各回线路中的对地电容电流都是对称的。当某一线路中出现接地故障时,凡是直接有电联系的所有线路对地电容电流都不对称,于是出现了零序电流,如图 8-3

所示。由图可知,非故障线路中的零序电流为本线路的对地电容电流,故障线路中的零序电流为非故障线路的对地电容电流之和,当连接在一起的线路数越多时,故障与非故障线路零序电流的差值越大。

在变电所中,所有馈电线路都装设有零序电流保护装置,用于对单相接地故障的保护。在该装置中零序电流互感器的一次线圈为馈电线路的三相导线,二次线圈接到电流继电器上。为了便于装设零序电流互感器,每一馈线的始端都采用一段电缆,如图 8-4 所示。

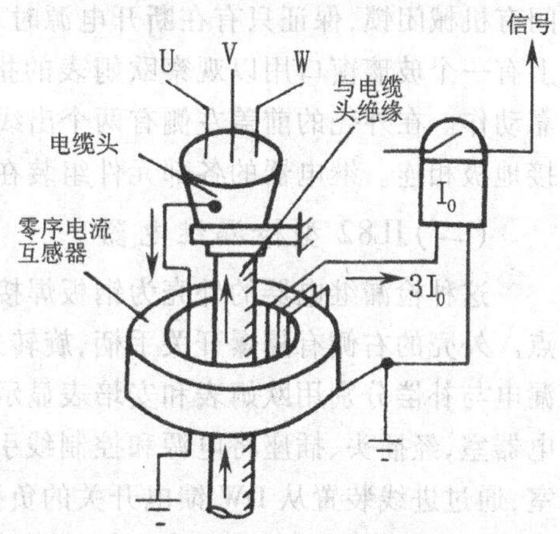

图 8-4　零序电流保护装置原理图

正常运行及相间短路时,一次电流的矢量和为零,零序电流互感器的二次侧仅有很小的不平衡电流流过,继电器不动作;当发生单相接地时,将会在线路上产生很大的零序电流,该零序电流使继电器动作,作用于信号或跳闸。在安装零序电流互感器时,应将电缆外皮与金属支架绝缘,并将电缆头外壳接地线穿过零序电流互感器的铁芯后再接地。这样,沿电缆外皮流过的接地电流或杂散电流往返两次穿过铁芯,因而不会在铁芯中产生磁通,就不会影响保护装置的灵敏性。

保护装置动作电流的整定必须保证选择性,当电网某线路发生单相接地故障时,因为非故障线路流过的零序电流是其本身的电容电流,在此电流作用下,零序电流保护不应动作。

对于电缆线路,在发生单相接地时,接地电流不仅可能沿着故障电缆的导电外皮流动,而且也可能沿着非故障电缆外皮流动。这部分电流不仅降低故障线路接地保护的灵敏度,有时还会造成接地保护装置的误动作。故应将电缆终端接线盒的接地线穿过零序电流互感器的铁芯,如图 8-4 所示,使铠装电缆外皮流过的零序电流再经接线盒的接地线回流穿过零序电流互感器,防止引起零序电流保护的误动作。

三、矿用隔爆检漏继电器

对井下低压电网装设检漏继电器作漏电保护,是一项很重要的安全措施。检漏继电器的作用主要表现在以下 3 点:

1. 通过检漏继电器上的欧姆表经常监视电网对地绝缘状态,以便进行预防性检修。

2. 当电网对地绝缘电阻下降到整定动作值时,或人触及一相带电导体和电网一相接地时,检漏继电器动作,自动切断电源馈电开关,防止事故扩大。

3. 当人体触及电网时,可以补偿通过人体的电容电流,从而使人体触电电流下降到安全值,降低触电的危险性。当一相接地时,也可以减少接地故障电流,防止点燃瓦斯、煤尘引起爆炸。

目前,我国煤矿上常用的检漏继电器主要有 JY82 型、JL82 型和 JJKB30 型等多种。它们都是采用附加直流电源原理构成的非选择性检漏继电器,利用零序电抗器来对电容性电流进行补偿。

(一)JY82 型检漏继电器

JY82 型检漏继电器主要应用在煤矿 380V、660V 变压器中性点不接地系统中,用来监视电网对地的绝缘水平。当电网对地绝缘水平下降至危险程度时,与自动馈电开关配合,自动切断电源,以及对电网对地电容电流进行补偿。

JY82 型检漏继电器由隔爆外壳和可抽出的芯子组成。外壳的前盖止口卡和操作手柄间有机械闭锁,保证只有在断开电源时才能打开盖子,盖好盖子后才能合上电源。它的前盖上有一个玻璃窗口用以观察欧姆表的指示值。另有一个试验按钮,用来检查继电器能否可靠动作。在外壳的前盖左侧有两个出线口:上面一个与电源馈电开关相连,下面一个与辅助接地极相连。继电器的各部元件组装在芯子上,芯子的外壳装在托架上,以便于移动。

(二)JL82 型检漏继电器

这种检漏继电器的外壳为钢板焊接的圆柱形转盖式结构,具有强度高、隔爆性能好的特点。外壳的右侧有隔爆开关手柄,旋转式转盖上装有检漏试验 SB 按钮和补偿用 SB1 按钮,漏电与补偿分别用欧姆表和安培表显示,使用与维修均很方便。壳内分成 2 个空间,前腔为电器室,经插头、插座将电源和控制线引入装有全部电器元件的可抽出芯架上;后腔为母线室,通过进线装置从 DW 馈电开关的负荷侧引入电源及控制线。

JL82 型检漏继电器的电气原理图如图 8-5 所示。图中各主要元件的作用如下:

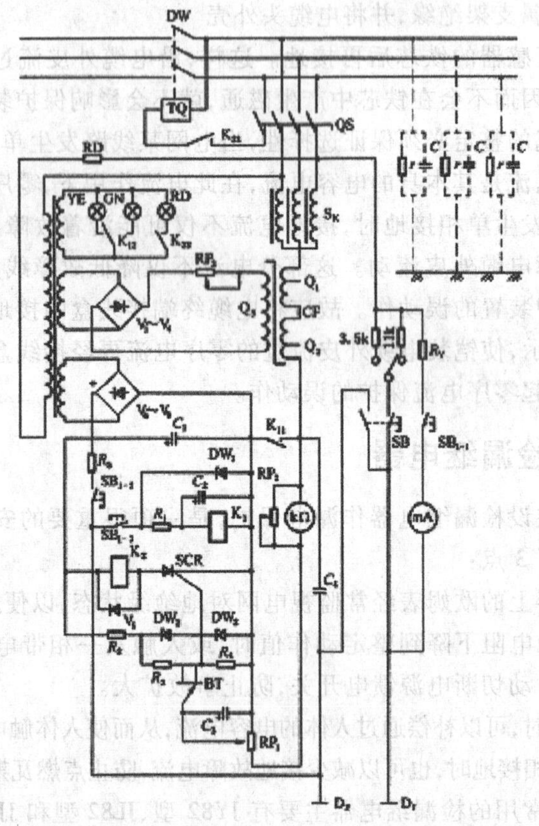

S_k—三相电抗器;CF—饱和式电抗器;C—隔直电容;SB—试验按钮;SB_k—补偿按钮其常闭地点 SB_k;V_z—补偿回路整流器;V_k—测量回路整流器;K_k—漏电执行继电器;RP_s—灵敏度调整电位器;RP_s—补偿调整电位器;R—模拟人体试验电阻;RP_k—漏电整定电位器;BT—单结晶体管;D_z—继电器接地极;D_y—辅助接地极

图 8-5　JL82 型检漏继电器

JL82 型检漏继电器的电气原理图如图 8-5 的所示。图中各主要元件的作用如：

QS——隔离开关，检漏继电器的电源开关，对自动馈电开关有电气闭锁作用。

S_K——三相电抗器，它是把直流检测回路和三相交流电网连接起来的元件。

CF——饱和式电抗器，由磁放大器构成，可实现无级调感，且电抗值很大，可以保证三相电抗器星形点对地的绝缘水平，同时通过它的电感电流来补偿漏电、触电时的电容电流。

C_4——隔直电容，也叫接地电容，用来接通检漏继电器的交流通路。当电网发生漏电时，交流电流经 C_4 入地，从而减少了交流电流对继电器 K_2 的干扰。

K_2——漏电执行继电器，当人触及一相带电体时，执行继电器动作，接通馈电开关 DW 的 TQ 线圈，使总开关 DW 跳闸。

K_1——延时继电器，与 R_1、C_2 构成 RC 延时电路，防止 QS 开关合闸瞬间及补偿时 K_2 误动作。

KΩ——欧姆表，它实际上是一只刻有欧姆刻度的直流毫安表，用以监视电网的绝缘水平。

D_Z——继电器接地极，与漏电整定电位器 RP_1 及千欧表相串联，并与外壳一起接地。

D_F——辅助接地极，供试验用，其安装点距检漏继电器的局部接地极的距离应大于 5m。

JL82 型检漏继电器与 JY82 型检漏继电器相比，主要不同处有二：一是用电子继电器电路代替灵敏继电器 K，因此它有较高的灵敏度；二是补偿采用饱和式电抗器，可以实现无级调感。

（三）JJKB30 型检漏继电器

JJKB30 型检漏继电器的电气原理接线图如图 8-6 所示。它与 JL82 型对比有两个主要的不同点：一是绝缘电阻检测回路为桥式电路，执行元件为施密特触发器；二是 JJKB30 型具有漏电闭锁功能。

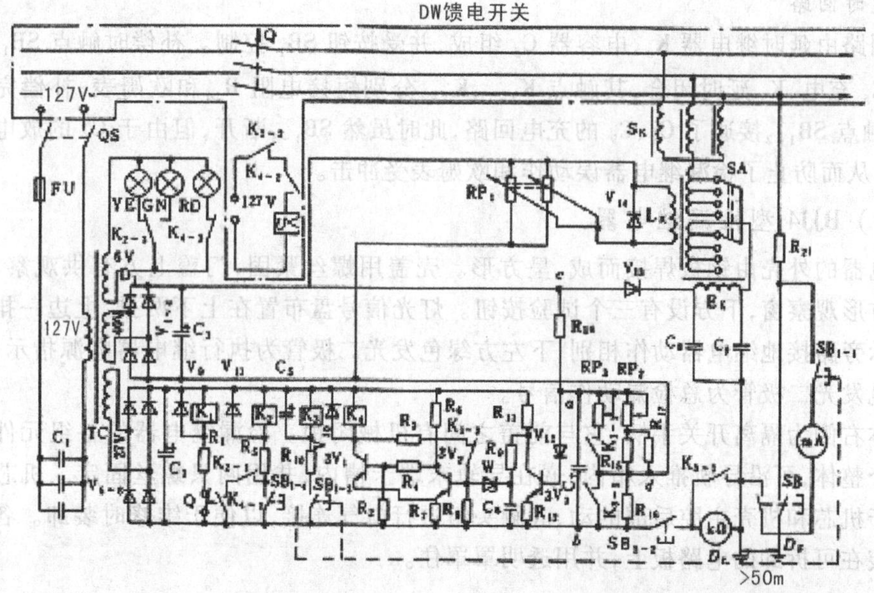

K_1—工作继电器；K_2—闭锁继电器；K_3—延时继电器；K_4—执行继电器；SB—试验按钮；SB_1—补偿按钮；V_1—检测电源；V_2—保护电源；S_k—三相电抗器；L_s—零序电抗器；G_s—扼流圈；GB—绿色信号灯；RD—红色信号灯；YE—黄色信号灯；U—电源馈电开关的电压脱扣器线圈

图 8-6 JJKB30 型检漏继电器原理图

1. 电源电路

127V 电压取自电源馈电开关,作为本保护控制变压器 TC 的一次电压。一次绕组与 C_1 相串联构成铁磁稳压电路,可使保护工作可靠,不受电压波动的影响。

TC 的二次绕组有三个副绕组:6V 交流供指示灯用;40V 经整流后供测量回路和补偿用;27V 经整流后供执行回路用。

2. 漏电保护

漏电保护由桥式比较电路、触发电路、执行电路和试验电路等组成。

3. 漏电闭锁功能

闭锁继电器 K_2 的作用,是在漏电馈电开关跳闸后,经检修,当电网对地绝缘电阻值恢复到漏电闭锁要求值时才允许送电。馈电开关未合闸前,电网对地绝缘电阻大于漏电闭锁电阻时,执行继电器 K_4 处于有电动作状态,其触点 K_{4-3} 断开,红灯 RD 熄灭,但黄灯 YE 仍亮,表示电网绝缘正常,可以投入运行。此时送电人员按压按钮 SB1,其触点 SB_{1-4} 闭合,K_2 有电动作并自保,则绿灯 GN 亮,黄灯 YE 灭,表示馈电开关中的欠压脱扣线圈有电,闭锁解除,馈电开关可以合闸送电。

4. 补偿回路

补偿回路的补偿方法与 JY82 型基本相同,也是在三相电抗器 Sk 的人为中性点与地之间接入一个零序电抗器 Lk。所不同的是该 Lk 为一饱和电抗器,除了改变抽头进行粗调之外,还可以调节直流控制绕组的电流来改变其电抗值,达到细调的目的。

调试方法如下:按压控制按钮 SB_1,并转动波动开关 SA 进行粗调,然后再调节电位器 RP1,注意毫安表读数,当指针指到最小位置时,即为最佳补偿状态。

5. 延时回路

该回路由延时继电器 K_3、电容器 C_5 组成,并受按钮 SB_1 控制。补偿时触点 SB_{1-3} 闭合,电容器 C_5 充电,K_3 延时闭合,其触点 K_{3-1}、K_{3-2} 分别短接电阻 R_{16} 和欧姆表;补偿完毕松开 SB_1 时,触点 SB_{1-2} 接通了 C_8、C_9 的充电回路,此时虽然 SB_{1-3} 断开,但由于 C_5 的放电仍维持 K_4 吸合,从而防止了检漏继电器误动作和欧姆表受冲击。

(四) BJJ4 型检漏继电器

继电器的外壳由钢板焊接而成,呈方形。壳盖用螺丝紧固,门盖上方有供观察、显示信号用的方形观察窗,下方设有三个试验按钮。灯光信号盘布置在上下两排,上边一排三个橙色灯显示旁路接地继电器动作相别,下左方绿色发光二极管为执行继电器电源指示信号,下右方红色发光二极管为总检漏动作信号。

箱体右侧为隔离开关手柄,它与前盖之间有机械闭锁。检漏继电器的各组元件与框架组成一个整体,可沿导轨推入箱内,嵌在导轨末端卡槽内,并用两只螺丝固定。机芯与机壳通过设于机芯和机壳主腔后部的动、静触头组进行电气连接,以便于维修时装卸。各主要电路分别装在可拆卸的电路板上,并用透明罩罩住。

(五)四种检漏继电器的使用说明

1. JY82 型检漏继电器是我国的早期产品,由于它结构简单、维修方便,至今仍有一些矿井在使用。它检漏继电器动作速度较慢,从人体触电开始至触点 K_1 闭合所需时间达 0.1s 以上,对人身安全不利。它的动作电阻值是靠改变直流电源来调节的,而其直流电压是从 S_k

的二次抽头上获得的,再加上电源电压的波动,很难调到所需要的数值。此外,在补偿时需调整 Lk 抽头,不容易调准。实测表明,电网每相对地分布电容为 0.247μF 才有最佳补偿,其最高补偿只达 47% 左右。

2. JL82 型检漏继电器的保护性能较 JL82 型大有改善,是一种较好的漏电保护装置。由于采用晶体管作保护元件,其体积小、整定准确、动作灵敏,动作时间小于 0.1s,补偿采用饱和电抗器,由于是无级调节,电网电容在 0.2 ~ 1.5μF 之间都能得到最佳补偿,最高可达 60% 以上;由于多加了一个毫安表和补偿按钮 SB_1,可以在运行中随时调节。此外,还增加了两个信号灯,对继电器的动作状态有明确的显示。

3. JJKB30 型检漏继电器与具有 127V 电压和欠电压脱扣器的馈电开关配套使用,主要用于井下 1140V 电压等级,当然也能用 380V 和 660V。它较前述两种类型有较大的改进,并具有漏电闭锁功能。

该型继电器采用的饱和电抗器 Lk 既有抽头又有磁放大作用,其电抗调整值范围广,补偿范围可达 1.7μF 左右;因电感电流有功分量小,其补偿效果最高可达 73%。但它仍为静态补偿方法,电感电抗值调定以后不能随电容自动变化,倘若对大电容的调节在最佳补偿状态,一旦电容值减小了,便会出现严重的过补偿,因此也存在不安全因素,使用中应特别注意。

4. BJJ4 型检漏继电器是一种具有动作选择性的漏电保护装置,当发生漏电故障时,只切除故障线路,而非故障线路可继续运行,从而提高了系统的供电可靠性。

【任务实施】

一、漏电保护装置的运行、维护与检修要求

1. 值班电钳工每天应对漏电保护装置的运行情况进行检查和试验,并做好记录。检查的试验内容有:观察欧姆表的指示数值是否正常;安装位置是否平稳可靠,周围是否清洁,有无淋水;局部接地极和辅助接地极的安设是否良好;从外观上检查检漏继电器的防爆性能是否合格;用试验按钮对检漏继电器进行跳闸试验等。

2. 电气维修工每月至少对检漏继电器进行一次详细的检查和修理。除了上述检查试验的内容以外,还应检查:各处的导线、元件是否良好;闭锁装置及检漏继电器的动作是否可靠;接头和触头是否良好;电容性电流的补偿是否达到最佳效果;防爆性能是否符合规定等。

3. 在瓦斯检查员的配合下,电气维修工对运行中的漏电保护装置每月至少进行一次远方人工漏电跳闸试验。

4. 漏电保护装置每年升井进行一次全面检修,检修后必须在地面进行详细的检查、试验,符合要求后方可下井使用。

5. 漏电保护装置的维护、检修及调试工作,应记入专门的运行记录簿内。

二、检漏继电器的使用与维护

检漏继电器在跳闸后,首先要判断故障的性质。电网漏电故障分为 2 类:集中性漏电和分散性漏电。此时,断开所有的低压开关,先合上低压侧总馈电开关;然后,逐一合、分各台低压开关。

1. 检漏继电器的使用

(1)检漏继电器一般安装在采区变电所内。

(2)检漏继电器要求安装在专用的铁架子上。

(3)检漏继电器上方不得有淋水。

(4)检漏继电器与其他设备间的距离应符合要求。

(5)埋设合格的漏电保护辅助接地极,与主接地极之间的距离不得小于5m。

(6)根据漏电补偿调整方法进行电容性电流的补偿调整,一般调整在欠补偿状态。

(7)按照规定要求安装各种电气接线。

(8)安装结束后,进行漏电保护跳闸试验,试验合格后即可投入运行。

2. 检漏继电器的日常维护

(1)值班电钳工每天应首先对检漏继电器进行一次漏电保护跳闸试验,试验合格后再投入运行。

(2)值班电钳工要经常观察检漏继电器上显示的电网的绝缘电阻值,并做好记录;如果电网的绝缘电阻下降到接近于动作值时,要提前采取措施,以免因为检漏继电器的跳闸而影响生产。

(3)值班电钳工要经常观察检漏继电器上信号灯的显示情况,根据信号灯的显示情况了解检漏继电器的工作状态。

(4)针对产生漏电故障的原因,严格按规程操作,杜绝违章,消除或减少漏电故障的发生。

三、漏电故障的分析与处理

1. 集中性漏电的分析与处理

如果电网发生集中性漏电,在找到漏电点后,只要恢复漏电点的绝缘就可以消除漏电故障。如果是电缆有漏电点,一般将此段电缆切断,再用电缆连接器将电缆连接起来即可。如果是开关、电动机等设备有漏电点,则先消除漏电点,再增强漏电点的绝缘即可。

2. 分散性漏电的分析与处理

如果电网发生分散性漏电,首先要找到电网绝缘的薄弱点。逐一合、分各个分路馈电开关,通过检漏继电器的绝缘电阻观察窗观察并记录各个供电分路的绝缘情况,找到绝缘电阻最小的那一路,即为电网绝缘的薄弱点。然后,逐一合、分这一路的各个馈电开关,通过检漏继电器的绝缘电阻观察窗观察并记录该路各电缆、设备的绝缘电阻值,找到绝缘电阻最小的一根电缆或者设备,用绝缘电阻合格的电缆或者设备更换即可。

【思考与练习】

1. 什么是井下供电系统的"三大保护"?

2. 井下采区造成漏电的主要原因有哪些?漏电将产生什么危害?

3. 漏电保护装置的作用有哪些?

项目九　井下小型电器的安装与接线

【知识点】

□了解井下小型电器的种类和用途。

□掌握防爆接线盒、电铃、按钮、白炽灯、荧光灯的正确使用方法。

【能力点】

□会防爆白炽灯、荧光灯的接线方法。

□会双打联络信号的接线方法。

【相关知识】

1. 井下小型电器的种类

常用的井下小型电器有防爆接线盒、电铃、按钮、白炽灯、荧光灯等。

2. 隔爆型接线盒

(1)用途:用于井下电缆的接线及电缆与电器的连接。

(2)结构:外部为隔爆金属外壳;壳内有绝缘座、接线柱、接螺栓、接线嘴。

(3)种类:有 KBM 和 KBJ 2 种系列。

KBM200:K——矿用;B——隔爆;M——母线盒;200——额定电流(A)。

KBM 系列为母线盒,用于干线的连接,允许通过的电流较大,所以通过它的电缆较粗,体积较大。

KBJ 系列为接线盒,允许通过的电流较小,体积也比母线盒小,用于支线、照明、信号电路的连接。

LB-45:K——矿用;B——隔爆;J——接线盒;45——额定电流(A)。

3. 矿用隔爆型照明灯

矿用隔爆型照明灯有白炽灯和荧光灯 2 种。

(1)矿用隔爆型白炽灯。矿用隔爆型白炽灯的型号有 KBB-60、KBB-100 等型号,其中 K 表示“矿用”,前面的 B 表示“隔爆型”,后面的 B 代表“白炽灯泡”,数字代表灯泡功率(W)。

①用途。矿用隔爆型白炽灯用于有瓦斯或煤尘爆炸危险的矿井中,是巷道和机械硐室的固定式连续照明设备。

②矿用隔爆型白炽灯的结构如图 9-1 所示。

灯具壳体采用铸造铝合金制成,能承受住 1MPa 水压试验。灯具保护玻璃罩采用硬质玻璃制成,能承受住 3.92J 的冲击试验,透明率不低于 80%。玻璃罩外部设有坚固的金属保护网。灯具采用隔爆结构形式,具有可靠的隔爆安全性能。灯具的灯座设有自动断电和机械联锁装置，在更换灯泡时确保安全。

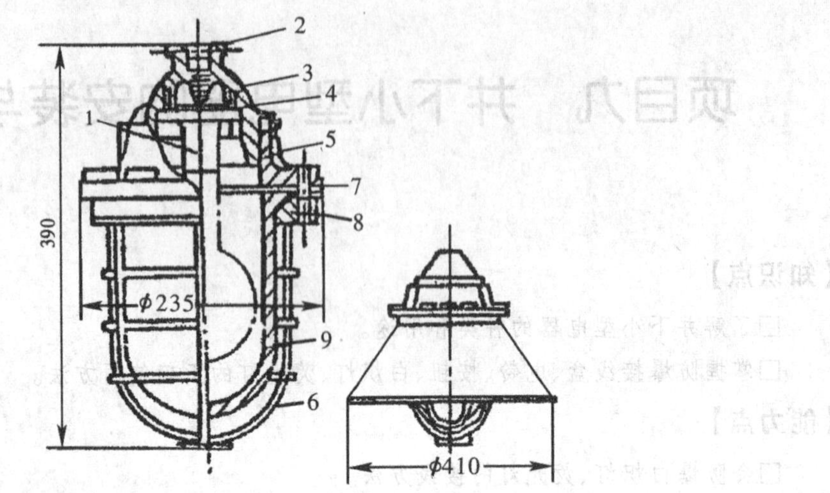

1—灯头；2—压紧螺丝；3—灯盖；4—圆盘；5—铝合金外壳；6—保护网；7—铝制垫圈；8—圆环；9—玻璃外罩

图 9-1　矿用隔爆型照明灯

(2)矿用隔爆型荧光灯。矿用隔爆型荧光灯有 KBY-15、KBY-20 等型号，其中 K 表示"矿用"，"B"表示"隔爆型"，Y 表示"荧光灯"，数字表示功率(W)。

矿用隔爆型荧光灯与接线和地面普通型日光灯的工作原理完全相同，只不过其额定电压为 127V。其特点是具有隔爆外壳(由含镁量合格的铝合金制成)，有冲击性能符合国家标准的玻璃护管，外设金属保护网。如图 9-2 所示。

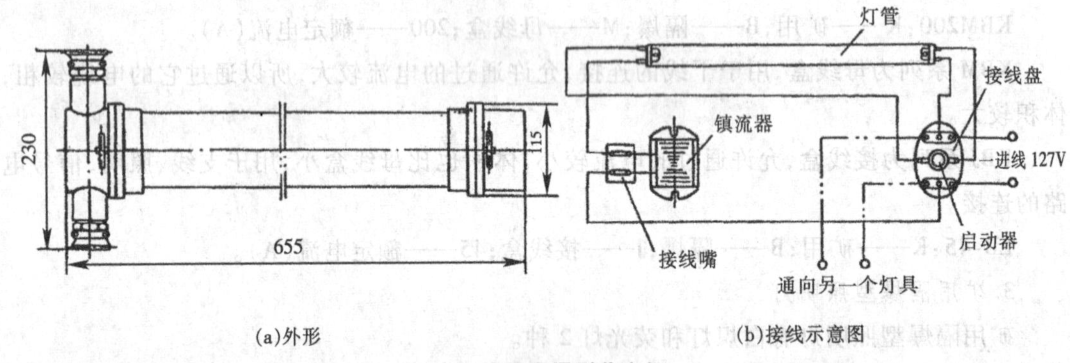

(a)外形　　(b)接线示意图

图 9-2　矿用隔爆型荧光灯

矿用隔爆型荧光灯能可靠地应用于有瓦斯和煤尘爆炸危险的矿井的井下中央变电所、泵房、主要机电硐室和运输大巷的照明。

4. 矿井信号

(1)信号发送装置。①信号按钮。隔爆型按钮的外形及结构如图 9-3 所示，它主要由绝缘夹板和可动接触桥等元件组成。当按下按钮后，可动接触桥就跟着轴往下移动，先断开常闭触头，而后闭合下部两个固定触头。

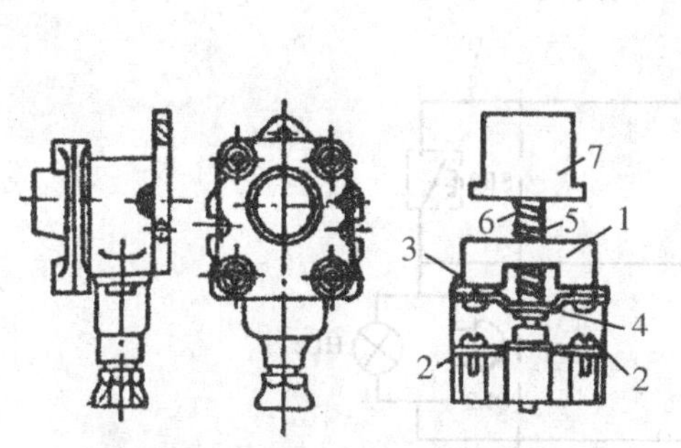

1—绝缘夹板；2—下固定触点；3—上固定触点；
4—接触桥片；5—轴；6—弹簧；7—按帽

图 9-3　隔爆型信号灯按钮结构图

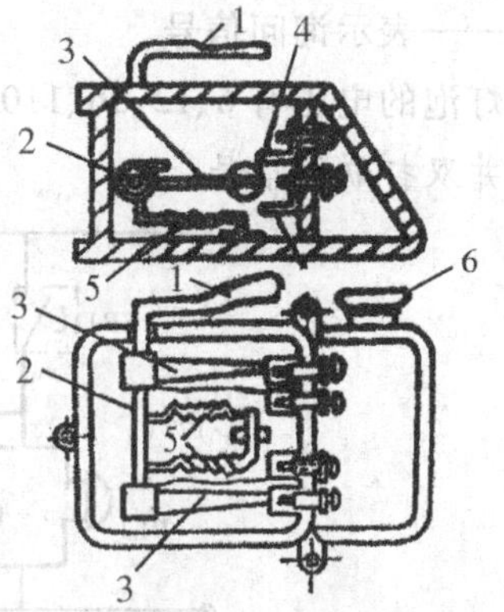

1—手柄；2—方轴；3—可动接触簧片；
4—固定触点；5—螺旋形弹簧；6—进线喇叭

图 9-4　杠杆式牵引开关结构图

②信号开关。根据用途和动作不同，信号开关分为牵引式开关、拉引式开关、杠杆式开关、故障开关和井门开关。上述所有开关的内部结构基本相同，不同点在于外部的手柄上。杠杆式开关的制作比较简单，故较多采用，其结构如图 9-4 所示。

(2)信号接收装置。

①单击电铃。隔爆型单击电铃的电压为 127V，其构造如图 9-5 所示。因为衔铁 1 具有较大的惯性，所以当电磁铁线圈 3 通电后吸引衔铁 1 时，铃锤 2 不会发生脉动现象。故电路每闭合一次只敲一下，因此称为单击电铃。铃锤的返回靠弹簧 4 的拉力。连击电铃。隔爆型连击电铃的电压有 36V 和 127V 2 种，其构造如图 9-6 所示。当线圈 1 通电后电磁铁 2 吸引衔铁 3，使薄膜 4 发生振动，从而带动铃锤敲击铃碗发出震响。

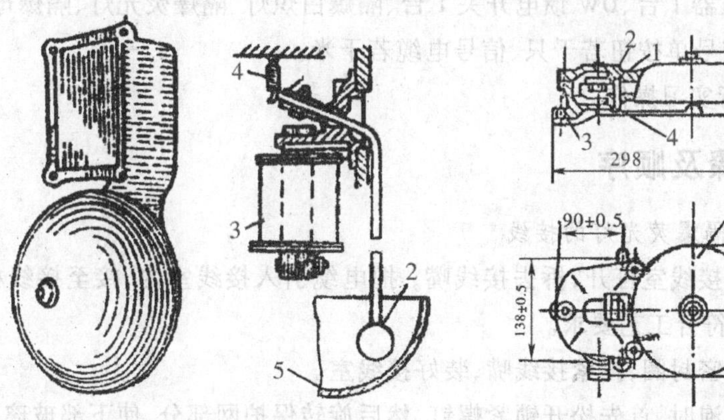

1—衔铁；2—铃锤；3—线圈；4—弹簧；5—铃碗

图 9-5　隔爆单击电铃

1—线圈；2—铁芯；3—衔铁；4—薄膜；5—铃碗

图 9-6　隔爆连击电铃

②灯光信号装置。灯光信息的优点是构造简单且多样。矿山信号中所用颜色有以下几种：

红色——表示注意及禁止信号；

蓝色——表示警告有电信号；

绿色——表示允许信号；

白色——表示控制信号；

橙色——表示询问信号。

信号灯泡的电压有 6、12、36、110、127、220V，灯泡一般选用 15W。

5. 矿井双打联络信号

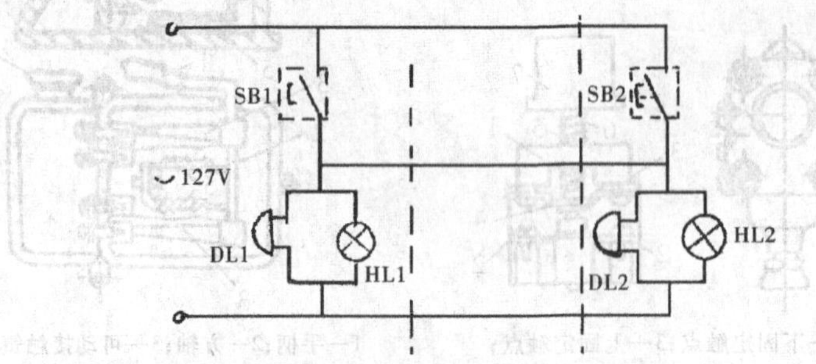

图 9-7 矿井双打联络信号电路图

矿井双打联络信号的电路图如图 9-7 所示。矿井双打联络信号的接线要求如下：

(1)各接线嘴的密封圈选配要合适，密封圈内径不大于电缆外径 1mm，密封圈外径与接线嘴的内径差不大于 2mm，宽度不小于电缆外径的 0.7 倍，厚度不小于电缆外径的 0.3 倍。

注意：不用的接线嘴应用密封圈和金属挡板堵死。

(2)各接线端子的接线要符合要求：电缆护套伸入内壁长度为 5 ~ 10mm。当导线接好后，从统包护套算起最长不得大于接线柱至护套处直线距离 10mm。

【任务实施】

一、实习准备

KS6 型干式变压器 1 台、DW 馈电开关 1 台、隔爆白炽灯、隔爆荧光灯、隔爆母线盒、隔爆电铃(127V)、隔爆信号单按钮若干只、信号电缆若干米。

将学生分组进行实习操作。

二、实习步骤及顺序

1. 隔爆白炽灯、隔爆荧光灯的接线

(1)首先将隔爆接线室打开，拆去接线嘴，把电缆引入接线室内，接至接线柱和接地螺栓上，接线时线头应符合工艺要求。

(2)选配合格的密封圈，拧紧接线嘴，装好接线室。

(3)更换白炽灯泡时，首先松开锁紧螺钉，然后旋转保护网部分，使下部玻璃罩打开即可更换灯泡。

2. 矿井双打信号的接线

(1)首先将隔爆白炽灯和隔爆按钮接线室内接线接好。

(2)根据矿井双打信号的原理图，利用接线盒接线。

(3)经检查正确后，送电试验。

三、安全注意事项

1. 各用电器的电压应与电源电压相符。

2. 矿井双打信号的中间过渡线不能接错，否则造成短路事故。

3. 接线完毕后，须经实习指导教师检查后，方可送电试验。

4. 送电试验时，必须有专人停、送电，并注意人身安全。

考核项目	配分	评分标准	得分
器件原理及特点	15	1. KSG 型干变线圈的改接 2. 隔爆白炽灯的特点 3. 隔爆荧光灯的工作原理及特点 每错一处扣 5 分	
各器件接线嘴密封圈的选配	20	1. 密封圈内径不大于电缆外长 1mm 2. 密封圈外径与接线嘴内径差不大于 2mm 3. 密封圈宽度不小于电缆外径 0.7 倍 4. 密封圈厚度不小于电缆外径 0.3 倍 每错一处扣 2 分	
各接线端子的压接及布线	25	1. 电缆芯线接在接线柱上台裸露部分长度为 3 ~5mm 2. 电缆护套伸入内壁的长度为 5 ~ 10mm 3. 当电缆线接好后，其长度不得大于接线柱至护套处的直线距离(10mm) 4. 各接线端子的压接应“无鸡爪”、“羊尾巴” 5. 布线要合理，工艺要美观 每错一处扣 2 分	
回路连接	40	接线要正确 每错一处扣 40 分	
总分			

注：每个考核项目扣分不超过该项目最高配分。

【思考与练习】

1. 矿用隔爆白炽灯的特点及用途是什么？

2. 矿用隔爆荧光灯的特点及用途是什么？

3. 画出矿井双打联络信号的原理接线图，并写出操作程序。

项目十　运输机集中控制的原理、安装与维修

【知识点】

□了解运输机集中控制的种类及基本要求。

□掌握运输机集中控制的重要性能及结构形式。

□理解运输机集中控制系统元件的作用及工作原理。

【能力点】

□掌握运输机集中控制的安装接线与维修。

【任务描述】

为了节约劳动力、提高运输效率,煤矿将运输机线由单机控制改成集中控制。

【任务分析】

目前运输机集中控制方式有以下几种:动力载波集中控制,有线集中控制,载波与有线混合集中控制,机尾传感及载波集中控制。但不论使用哪种集中控制方式,都应符合安全规程的规定,同时要符合以下几项基本要求。

1.控制方式

(1)运输机能按逆流方向逐台延时 3~4s 启动,避免多台同时对电网冲击电流过大,造成停电事故的发生。

(2)能在任一台运输机头处迅速停止其后各台运输机,两台运输机间的停车时间差不得太长,否则将造成堆煤和拉回头煤事故。

(3)集中控制和分台单独控制能较方便地进行及时转换。

2.通讯信号方面

(1)联络通讯信号:用铃声长短或扩音电话作为多点联系。

(2)启动预告信号:用铃声或喇叭声告知机旁人员注意运输机将启动。

(3)事故报警信号:用灯光和音响警告操作和维护人员,运输机因事故停车,要求及时给予处理。

(4)集中监视信号:用灯光数码管和仪表在集控操作处监视各台运输机工作情况,如某一台因事故停车,从监视信号中可以发现并及时处理。

(5)满仓信号:煤仓装满后要求能自动停车,以免拉回头煤造成事故。

3.保护方面

(1)链板(刮板)运输机出现断大链、断小链、跳牙、断联轴器销子、电机堵转、液压联轴器漏油等故障时,要求能及时停车,并发出灯光音响信号。

(2)皮带(胶带)运输机出现胶带跑偏、纵向及横向断裂、皮带打滑、卡漏斗、压机尾等故障时要有保护装置。

【相关知识】

由于煤矿运输机集中控制种类很多,技术也在不断改进,故本项目只介绍煤矿常用的KBJP-36(127)s11 型隔爆兼本安型胶带机集中控制保护器。

一、特点

本机一改传统的设计思想,采用隔爆兼本安结构,常用件力求性能可靠、结构紧凑。集中控制的各台均可显示自己所在系统中的位置,且每一台均可反映出系统的运行状况。可对双机需延时的拖动系统分别进行控制。

传统的通讯方式因噪声大而限制了通讯的音量,本机加了静噪电路,具有较好的抗背景噪声的能力,使声音清晰、洪亮。报警及联络有光和声。在传感技术方面尽可能使用无源传感器输出开关信号,以方便安装调试,且各传感器力求与主机直接相连,以简化线路的连接,避免不必要的麻烦。任一传感器出现故障或不接入均不影响其他功能。

二、主要性能技术参数(各种保护均为低电平动作)

1. 本装置用于集中控制不大于 9 条皮带的运输系统,逆煤流启动的延时时间为 7s,自保时间为 20s。

2. 速度保护具有反时限特性,完全断带延时 2s 停车,低速保护值有 1s/r、2s/r 的高低 2 挡供选择。出厂时一般置于低挡,如果速度保护勿需设置则将开关置于“断”处。

3. 堆煤保护有煤电极式和煤位开关 2 种,煤电阻整定值为 1 ~ 3MΩ,煤位动作时延时 1.5s停车。跑偏时延时 15s 停车。急停撕裂时延时 1s 停车。

4. 温度保护用于检测皮带至滚筒或其他点的温度,保护动作值有 35℃、40℃、60℃ 3 挡,设于传感器内供选择。

5. 烟雾在相当于地面二级烟雾含量时动作。

以上各种保护在动作的同时有故障种类指示和声光报警,温度和烟雾动作时使主机驱动洒水装置洒水。

6. 通讯灵敏度不大于 25mV(输出 1/4 额定功率),峰值功率不小于 8W。

7. 电源电压为 90% ~120% 额定电压 AC36V(127V)的整机功率不大于 15W,装置输出接口分断能力为 AC36V、10A127V、3A。

8. 输出直流电压为 DC12V、DC5V。

三、安装

本装置采用的电缆为三芯或四芯的普通橡套电缆,本安部分橡套电缆外径为 $\phi 6 \sim \phi 10$,电源部分要用隔爆且有一定负荷的电缆,外径为 $\phi 10 \sim \phi 14$。

(一)主机的安装

主机的接线分电源腔和控制腔两部分,打开隔爆接线腔按如图 10-1 所示接线。

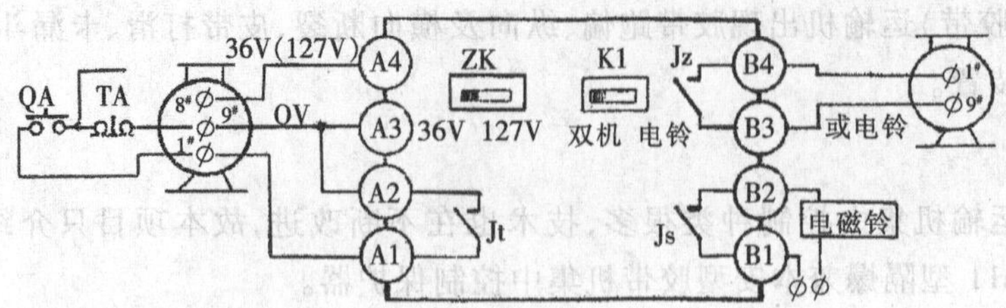

图 10-1　接线图

1. 安装接线说明

(1) A1 ~ A2、B1 ~ B2、B3 ~ B4 分别提供一组常开触点。

(2) K1 开关置于“双机”时，B3 ~ B4 在 A1 ~ A2 吸合后延时 3s 吸合。当置于“电铃”时，B3 ~ B4 可在报警时吸合，以控制电铃或其他装置动作。

(3) 当温度或烟雾动作后，B1 ~ B2 立即吸合，驱动洒水装置洒水。

(4) 36V(127V) 靠开关 ZK 转换，出厂时置于 127V，若用 36V，将其拨至 36V 处即可。

(5) 图 10-1 所示接线是以 QC83 开关为例，安装时须将自保触点拆除。

2. 安装接线注意事项

(1) 利用 B3 ~ B4 相对 A1 ~ A2 的延时特性，可以对上下山需抱闸的电机进行程序控制。

(2) 为了在故障情况下不影响生产，根据多年经验，原远方操作按钮 QA 不用(图 10-2)，一旦出现故障可按启动按钮强行开车，等待检修。这样能从根本上保证在综保出现任何故障的情况下都不影响生产，另外检修皮带时可方便地点动。

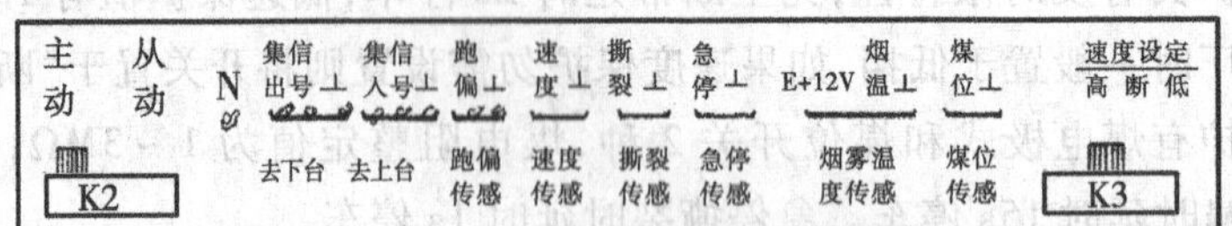

注意：所接的无源传感器均是利用其常开触点

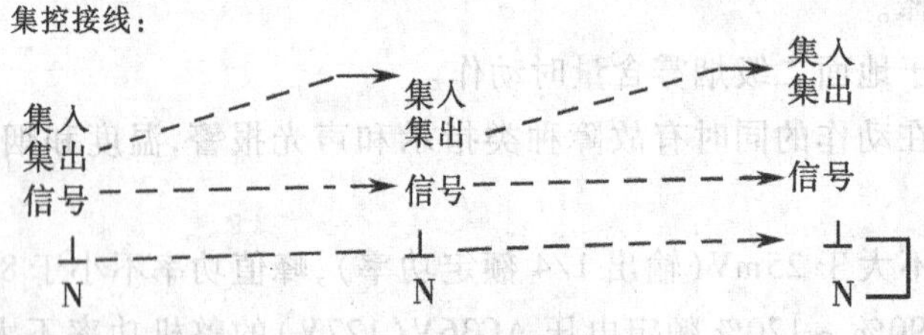

图 10-2　集控接线

(3) 对徐州煤机厂的 300 开关，原远方操作按钮不动，只需将 K3 至按钮中间线断开，再将 A1 ~ A2 触点串入。使用时先启动保护器，再按远方操作按钮，这样就具备上述第 2 条功能。

(4) 控制腔的接线板上都有文字标明，可以直接与相应的传感器连接。

(5) 须注意：

①在集控时首台“主动—从动”开关置于“主动”，其他各台置于“从动”。

②在单台或集控时最后一台的“N”端子要接“⊥”(地)。

③速度设定置“高”时为低于 1s/r 保护，置于“低”时为低于 2s/r 保护，置于“断”时为速度不检测状态。

④若不需集中控制，只要通讯，则只需将两芯电缆分别与“信号”、“⊥”连起，即可通话。

(二)保护装置的安装

1. 速度传感器。用于检测皮带的运行速度，采用磁切割原理，将运度信号变换成开关信号送给主机(图 10-3)。

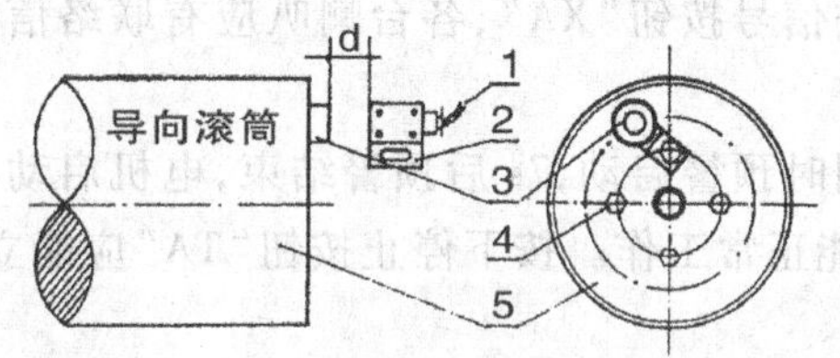

图 10-3 速度传感器

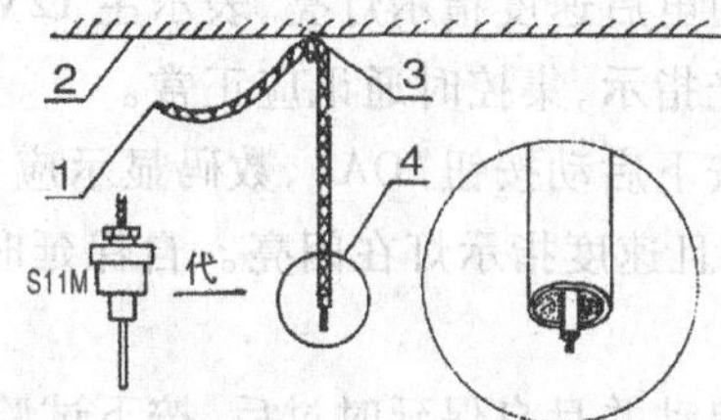

1—探头引线；2—顶板；3—吊挂支点；4—煤位探头

图 10-4 煤位传感器

2. 煤位传感器。用于检测煤仓或机头的煤位高度，如采用煤电极式(图 10-4)将堆煤接点引出的电缆裸露于要检测的位置(该裸露头称“煤电极”)。当堆煤达到一定高度，使煤电极与大地之间的煤电阻达到 1 ~ 3MΩ 时，主机动作。如果用开关式，则将“堆煤”和“⊥”(地)端接到开关的一组常开触点，当煤触到开关时，即将开关闭合，主机动作。当使用煤电极式传感器时，应将主机的外壳良好地接大地，并尽可能离煤仓近些。

3. 跑偏传感器利用的也是其常开触点。

4. 温度传感器采用集成感温探头，正常情况下，其红灯亮，当动作时，红灯灭，同时输出一个低电平信号给主机动作。

5. 烟雾传感器采用双气敏型探头，对烟雾具有一定的选择性，其信号通过专用电路处理以后，送给主机。当动作后，其输出高电平变为低电平送给主机动作，同时红灯闪烁、发声。由于烟雾设置了两个出线嘴，温度引线可从其内引出，以简化线路连接。安装时将其悬挂于机头下风处(图 10-5)。

主机	烟雾	温度
12V	E	E
烟温	K	K
⊥	D	D

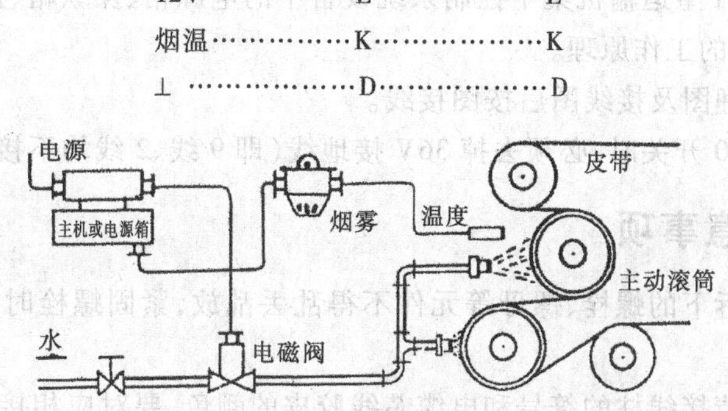

图 10-5 烟雾传感器

6. 洒水安装。将电磁阀固定于两滚筒轴线中间的皮带大梁（即槽钢）上，其出水管贴在大梁内侧直下，至主滚筒两轴之间，接出喷头，以喷水能喷至两滚筒上为准。

四、调试

1. 检查电源，传感器，集控连线，电源腔内“36V—12V”“双机—电铃”，本安接线腔内左边的“主动—从动”、右边的“速度设定”等开关是否在正确的位置，“N”端子的接法是否正确。

2. 通电后速度指示灯亮，表示主 12V 正常，按信号按钮“XA”，各台喇叭应有联络信号，且有灯光指示，集控时通讯应正常。

3. 按下启动按钮“QA”，数码显示应为“0”，同时预警启动，7s 后预警结束，电机启动，显示为“1”且速度指示灯在闪亮。自保延时 20s 后能正常工作。按下停止按钮“TA”应能立即停车。

4. 启动并且自保延时过后，按下试验按钮，速度应动作，同时停车，且声光报警。

5. 集控时按下任何一台的停止按钮“TA”，本台和其后的各台应能停车，从动各台在有集入信号时应能正常启停。

6. 集控时，首台启车后，从动各台依次延时启车，完毕后，显示依次为 M、M－1、M－2…2、1（如果最后一台的“N”端子不接“⊥”（地），显示将不正确）。

7. 检查各传感器的动作性能（各传感器均为低电平有效）。

【任务实施】

一、实习准备

1. KBJP-36（127）s11 型运输机集中控制设备 1 套。

2. 刮板运输机和皮带运输若干台。

3. QBZ-80 型磁力启动器若干台。

4. 信号电缆线若干米及电工工具若干件。

将实习学生分组进行实习操作。

二、实习步骤及顺序

1. 首先认识 YJH 型运输机集中控制系统设备中的电源箱、操纵箱、控制箱及磁感应发生器构造，了解各元件的工作原理。

2. 看懂电气原理图及接线图后按图接线。

3. 改装 QC83-80 开关时，必须去掉 36V 接地线（即 9 线、2 线均不接地）。

三、安全注意事项

1. 安装接线时拆下的螺栓、螺母等元件不得乱丢乱放，紧固螺栓时用力要适中，防止损坏元件。

2. 接线时要看清接线柱的符号和电缆芯线胶皮的颜色，要对应相接，防止接错线引起短路事故。

3. 通电试验前,必须仔细检查,防止漏电和其他事故发生。

4. 停、送电要有专人负责,严禁乱合闸。

5. 试验结束后,应立即拆除电源线,做到安全文明实习。

四、考核项目评分标准

考核项目	配分	评分标准	得分
认识元件结构	10	不认识每项扣5分	
了解元件的作用	10	不了解每项扣5分	
理解系统工作原理	20	不理解每项扣10分	
磁力启动器改线	20	改错线每项10分	
系统接线	20	接错线每项扣10分	
系统使用	20	方法不对每错一处扣10分	
安全文明实习		违反一次扣10分	
总　分			

【思考与练习】

1. 什么是运输机集中控制？集控的方式有几种？

2. KBJP-36(127)s11 型隔爆兼本安型胶带机集中控制的保护作用有哪些？

3. KBJP-36(127)s11 集中控制有哪些主要设备？各设备起什么作用？

4. 怎样在 QC83-80 开关上改装集中控制接线？

5. 怎样进行集控系统的接线？

6. 实习中的安全注意事项有哪些？

项目十一　矿用低压隔爆型磁力启动器的使用与维修

任务一　QBZ7-80 矿用隔爆型真空电磁启动器

【知识点】

□了解 QBZ7-80 矿用隔爆型真空电磁启动器的型号含义、结构特征及原理。

【能力点】

□掌握 QBZ7-80 矿用隔爆型真空电磁启动器的安装、调整、使用和操作。

【任务描述】

在现代煤矿的采掘工作面中，我们经常见到如图 11-1 所示的电器设备，它们就是启动器，通常接在低压馈电开关和电动机之间，用来控制与保护电动机。

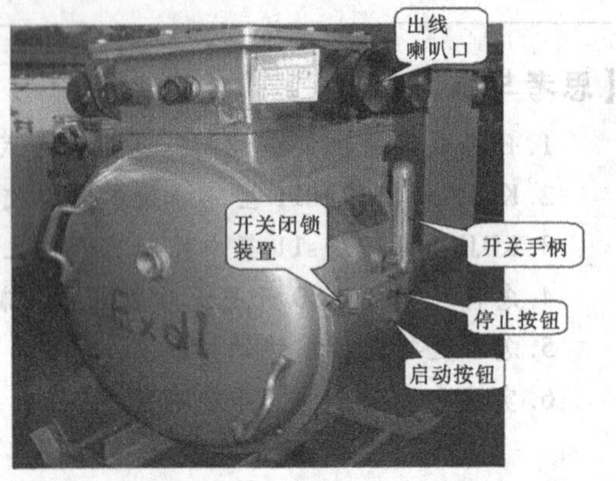

图 11-1　QBZ7-80 矿用隔爆型真空电磁启动器

【任务分析】

在现代煤矿中，各种机械被广泛应用于采掘工作的各个环节，从而减轻了煤矿工人的劳动强度，提高了劳动效率。而这些机械的动力来自于电动机，各种启动器能否安全可靠工作，就成为采掘工作能否安全顺利进行的一个关键环节。为了保证采掘生产的安全顺利进行，我们必须了解各种启动器的基本工作原理，熟悉它们的结构和保护功能，掌握其使用、维护和检修方法，并能够对其常见故障进行分析、判断和处理。由于采掘工作面存在瓦斯和煤尘爆炸危险，所以启动器必须是防爆型设备。并且由于各启动器的容量一般较大，所以常常做成隔爆型或隔爆兼本质安全型。

【相关知识】

一、对于矿用隔爆型磁力启动器的一般要求

1. 外壳必须满足矿用隔爆设备所规定的性能。

2. 主接触器不仅能接通、断开有载动力负荷，还要求能切断 10 倍额定电流；同时要有足够的机械寿命，以适应频繁启动的要求。

3. 有较完善的保护装置，一般设有过载、短路、欠压、漏电等保护，有些还设有过电压、断相、漏电闭锁或具有选择性漏电保护等装置。

4. 能实现就地控制、远距离控制、连锁控制等控制方式。

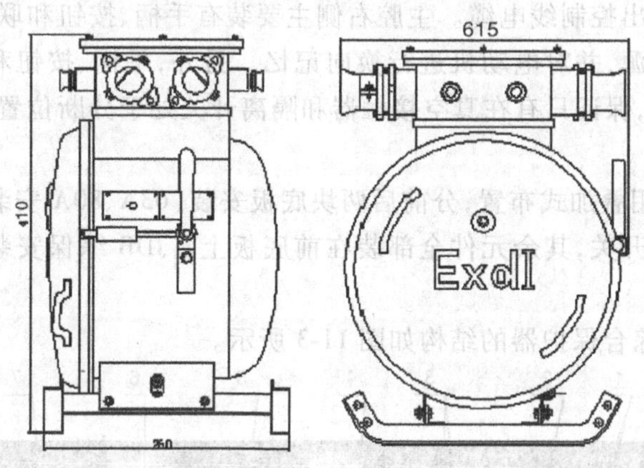

图 11-2　QBZ7-80,120,200/1140(660)外形图

二、启动器型号的含义

1. QBZ7-63，80,120,200/660(380)矿用隔爆型真空电磁启动器（以下简称“启动器”）适用于瓦斯和煤尘爆炸危险的矿井中，用于控制交流 50Hz，电压高至 660V，额定电流分别为 200A、120A、80A、63A 的矿用隔爆型三相鼠笼感应电动机的启动、停止和换向。该启动器特别适用于控制频繁操作的重载负荷、煤矿机械设备，也适用于具有同类爆炸性混合物的工业中。

2. 启动器型号的含义：

QB27□/□：Q——启动器；B——隔爆型；Z——真空；7——设计序号；第一个□——额定工作电流；第二个□——额定工作电压。

3. 防爆形式：矿用隔爆型。

4. 防爆标志：ExdI。

5. 启动器保证在下列条件下能可靠工作：

(1) 海拔高度不超过 2000m。

(2) 周围介质温度不高于 +40℃，不低于 −5℃。

(3) 周围空气相对湿度不大于 95%（+25℃）。

(4) 无强烈颠簸振动以及与垂直面倾斜在 15°以下的环境中。

(5)周围空气介质中不得含有腐蚀金属和破坏绝缘的化学物质。

(6)有防雨雪(滴水)设备以及不经常充满水蒸气的场所。

(7)污染等级:3 级。

(8)安装类别:Ⅲ类。

三、结构特征与工作原理

1. 结构特征

(1)启动器由固定在撬形支架上可拆卸的转盖式外壳和内部元件 2 个主要部分组成。

(2)外壳分成接线箱和主腔 2 个独立的隔爆部分。接线箱用于引进电源电缆和引出控制电动机电缆以及引出控制线电缆。主腔右侧主要装有手柄、按钮和联锁螺钉,手柄用于接通和分断主电路的电源,并对电动机进行换向记忆。另外,手柄、按钮和联锁螺钉相互配合进行电气和机械联锁,保证只有在真空接触器和隔离开关处于分断位置时,才能将外壳的大盖打开。

(3)内部元件采用叠加式布置,分前后两块底板安装(63A、80A 安装在一块底板上),其中后底板有换向隔离开关,其余元件全部装在前底板上。JDB 综保安装位置可以和智能综保互换。

(4)JDB 型电机综合保护器的结构如图 11-3 所示。

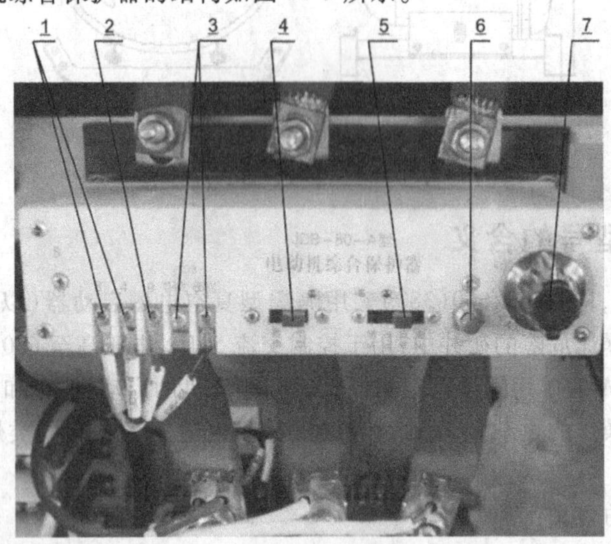

图 11-3 JDB 型电机综合保护器结构

电动机综合保护器功能介绍:

1——电动机综合保护器保护接点,线号为 3[#]、4[#]线,用来实现电动机的失压、过载、短路、断相(包括三相不平衡)及漏电闭锁保护。在正常情况下,3[#]、4[#]接点为常闭状态,构成先导回路的闭合,当线路出现故障时,保护器接点断开,然后主回路断开。

2——接地 9[#]线,与 4[#]变压器输出线共同为综合保护器供电,供电电压为 36V。

3——33[#]线,供电前对电动机(包括负荷线)进行绝缘监测。

4——对整定挡位进行选择,分为高挡位和低挡位 2 种选择方式,打到高挡位位置时,表示调整旋钮每个挡位均为高挡。比如调整旋钮第一个挡位为 5/20,选择高挡整定为 20A,选择低挡整定为 5A。

5——试验拨段开关，保护器通电后对保护器进行试验，试验包括短试、过试、漏试，保护器上分别有信号灯显示。

显示装置由发光二极管构成，色泽分辨率见表 11-1。

表 11-1 色泽分辨率

电源	过载、断相	漏电闭锁
黄色	红色	蓝色

电动机运行时务必要把挡位拨到正常挡，否则开关不能正常吸合。

6——放电按钮。

7——保护器整定调整旋钮，根据电动机的实际功率来选择电流挡位。调整旋钮各个挡位为 5/20、6.5/26、8/32、9.5/38、11/44…20/80。

2. 工作原理

QBZ7-80 型真空电磁启动器电气原理如图 11-4 所示。

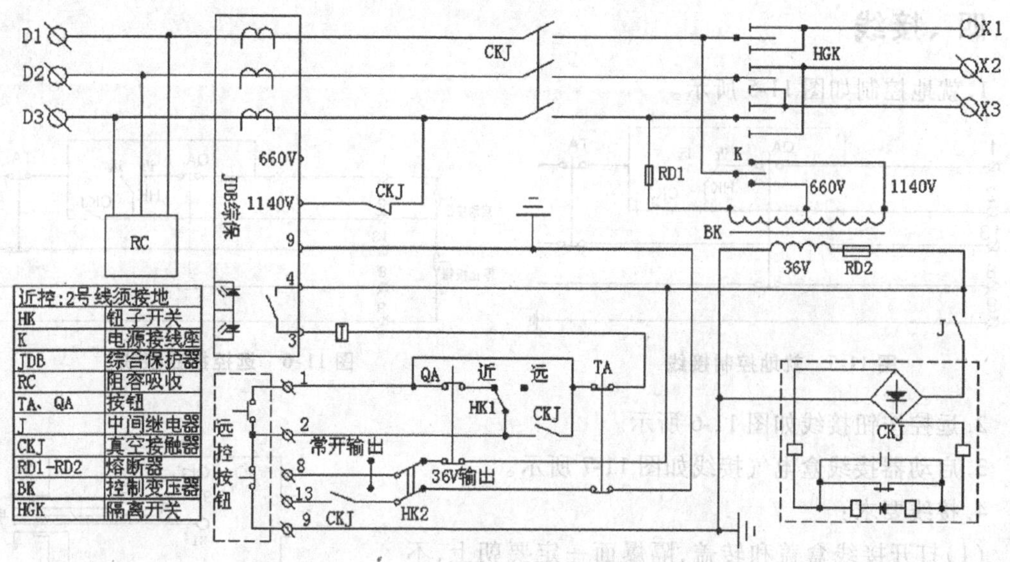

图 11-4 QBZ7-80 型真空电磁启动器电气原理图

(1)就地控制。就地控制就是利用启动器本身的按钮进行控制。就地控制时，须将控制方式转换开关 HK 打到“近控”位置，并将控制端子 2#、9#连接；然后合上隔离开关 HGK，接通电源，控制变压器 BK 有电，副边输出 36V 交流电，送至 JDB 保护器的 4#、9#端子，JDB 开始工作。此时，JDB 通过 33#端子、小行程开关 CKJ 动断接点与负荷线接通，对主回路进行绝缘监测。当负荷线路对地绝缘电阻值高于规定值时，则 JDB 保护装置的内部继电器吸合，使 3#、4#端子内连接的动合接点闭合，允许启动电动机。

启动时，当按下近控按钮 QA 时，电流通路如下：变压器 BK 二次 36V 端子→JDB(4#、3#)端子→中间继电器线圈 J→停止按钮 TA→启动按钮 QA→钮子开关 HK 连线→2#线→变压器 BK(9#)。于是中间继电器 J 通电吸合，其动断接点 J 闭合，这样接通了全波整流线路，其输出电压使得 CKJ 线圈吸合，其主触头 CKJ 闭合，电动机启动。辅助触头 CKJ 断开，接触器由 2 个线圈吸合变为 4 个线圈吸合维持，增加了电阻，减小了电流。与此同时，用于漏电闭锁检测回路的动断接点 CKJ 也同时断开，这样当接触器吸合时，不致使主回路的高压窜入保护装置内，损坏其内部元件。

停止时，按下停止按钮 TA，中间继电器 J 线圈失电，导致接触器 KM 线圈失电，主回路断电，电动机停止运转。

（2）远方控制。远方控制是利用启动器外接隔爆双按钮进行控制。远方控制时，将控制方式转换开关 HK1 打到“远控”位置，端子 9$^{\#}$接地，通过控制电缆将 1$^{\#}$、2$^{\#}$、9$^{\#}$端子与远方控制按钮接通。启动时，按下远方启动按钮即可使启动器合闸。启动时，CKJ 线圈的得电回路为：变压器 BK 二次 36V 端子→综合保护器 JDB（4$^{\#}$、3$^{\#}$）端子→中间继电器线圈 J→停止按钮 TA→端子 1$^{\#}$→远方控制启动按钮→远方控制停止按钮→变压器 BK（9#）。远方控制的工作原理与就地控制基本相同。

停止：按下机壳停止按钮和远方停止按钮都能停止电动机运转。

四、接线

1. 就地控制如图 11-5 所示。

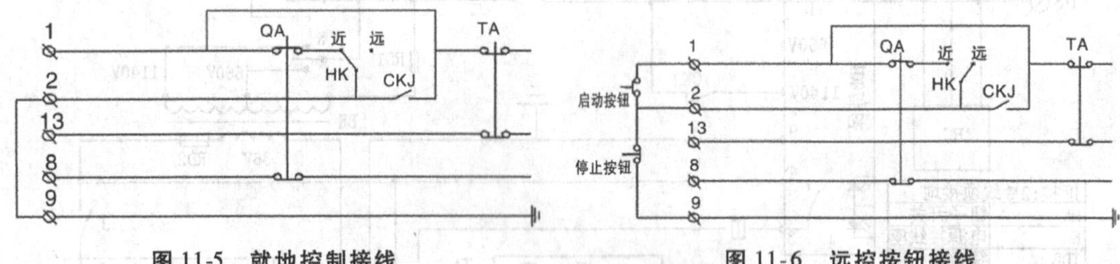

图 11-5　就地控制接线　　　　图 11-6　远控按钮接线

2. 远控按钮接线如图 11-6 所示。
3. 启动器接线盒电气接线如图 11-7 所示。
4. 接线要求：

（1）打开接线盒盖和转盖，隔爆面一定要朝上，不能损坏隔爆面。

（2）先接控制线路按钮再接电动机，最后接电源。

（3）电缆外径与出线口胶皮垫圈内径要相互配合，符合要求。

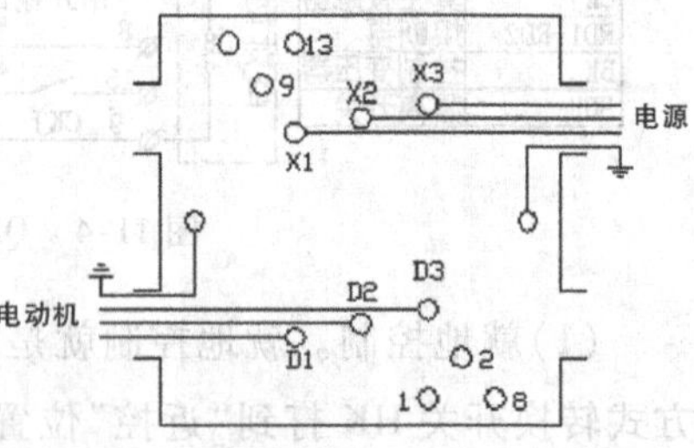

图 11-7　启动器接线盒电气接线

五、操作使用方法

启动器有近方控制、远方控制和连锁控制等几种控制方式。近方控制是利用启动器本身的启动和停止按钮进行控制；远方控制是在离启动器较远的地方，另加一组启动、停止按钮进行控制；连锁控制是多台工作机械联合运行时，各台机械按一定要求进行顺序控制。

六、启动器的维护、保养方法与注意事项

1. 定期清除外壳的污垢、煤尘。

2. 定期检查外壳有无损坏,紧固件是否松动。

3. 定期检查电缆引入装置是否完好,电缆是否松动。

4. 检查设备内部电气元件和保护装置是否完好无损、动作灵敏可靠、整定正确。

5. 每隔 1 周左右,用干净的棉丝或泡沫塑料清除隔爆面上的煤尘、岩粉。擦时要注意防止铁屑、沙粒等刮伤隔爆面。擦净后,涂上一层薄薄的防锈油或凡士林。

打开外壳检修时,转盖的开闭不能用锤子、铁棍敲打,也不能用扁铲等工具插入结合面撑撬,工作中要特别注意防止碰伤结合面。

安装、检修完毕时,要注意保持隔爆面清洁,防止粉尘、沙粒或铁屑等进入结合面,最后用塞尺检查隔爆面间隙是否符合要求。

启动器在运转过程中不得碰撞、翻滚,并且应有防止雨雪侵蚀的措施。

七、启动器的故障原因分析及处理方法

1. 启动器的故障原因分析及处理方法

表 11-2 启动器的故障分析与处理方法

故障现象	检查项目	处理方法
电源正常,启动器不能启动	1. 隔离开关是否打到位 2. 保险熔芯是否松动 3. 检查综合保护器 JDB 的保护接点是否断开 4. 停止按钮是否卡住	1. 将隔离开关打到位 2. 旋紧保险 3. 更换 JDB 4. 调整停止按钮,使其灵活且能闭锁
启动无力或有较大的嗡嗡(交流)声	检查电源电压是否和电压调整牌上控制变压器抽头相符	更正变压器抽头
启动后电机稍负重几分钟内停机或无法启动	电流整定偏小	调整设定值到最接近额定电流的挡位

2. CKJ 系列真空接触器常见故障及排除方法

表 11-3 CKJ 系列接触器常见故障及排除方法

故障现象	检查项目	处理方法
通电后不合闸(此现象应立即断电)	1. 无电源或电压不对 2. 控制回路有断路 3. 辅助开关常闭触点开路 4. 整流二极管损坏 5. 有卡阻现象	1. 检查电源和接线 2. 检查接线排、电源及开关端子 3. 修理或更换辅助开关 4. 更换整流二极管

继表

故障现象	检查项目	处理方法
无法保持合闸呈连击状态	1. 电源线路板有问题 2. 线圈有问题 3. 磁极芯表面有异物 4. 辅助开关转换位置不对	1. 更换电源线路板 2. 更换线圈 3. 清除异物 4. 调整开关位置
动作慢	1. 电源电压太低 2. 有卡阻现象 3. 分闸弹簧力不合格	1. 排除欠压问题 2. 在各运动部件的缝隙中注入二硫化钼润滑油脂，减小摩擦 3. 调整弹簧力
有噪声	1. 安装面不平 2. 电磁系统吸合不平	1. 用垫片垫平 2. 调整电磁系统
线圈发烫或烧坏	1. 电源电压太高 2. 辅助开关触点未打开 3. 线圈烧坏	1. 检查电压 2. 调整或更换辅助开关 3. 更换线圈

八、主要性能

1. 启动器具有下列保护：失压；过载；短路；断相（包括三相不平衡）；漏电闭锁。

2. 启动器适合长期工作制、断续周期工作制或反复短时工作制和八小时工作制。

3. JDB 电机综合保护器的保护特性见表 11-4。

表 11-4　JDB 电机综合保护器保护特性

名称	项号	刻度电流倍数	起始时间	起始状态	复位方式	复位时间
过载保护	1	1.0	长期不工作	-	-	-
	2	1.2	小于 20min	从热态开始	自动	小于 2min
	3	1.5	小于 3min	从热态开始	自动	小于 2min
	4	6	大于 8s	从冷态开始	自动	小于 2min
断相保护	5	1.05	小于 3min	从热态开始	自动	小于 2min
短路保护	6	8～10	速动小于 250ms	从冷态开始	手动	小于 2min
漏电闭锁	7	额定电压为 660V，一相对绝缘电阻低于 22kΩ，拒绝启动				
	8	额定电压为 380V，一相对绝缘电阻低于 7kΩ，拒绝启动				
	9	漏电检测电流小于 1mA				

九、安装与调整

1. 安装

(1)启动器在井下安装及搬运过程中,应避免受强烈震动,严禁翻滚,必须轻移轻放。

(2)启动器外壳须可靠接地。

(3)启动器接线腔两侧的进出线装置及控制回路进出线引入装置暂不使用的,用压盘、金属堵板和密封圈进行可靠密封,防爆接合面在使用中严禁碰伤,注意清洁,定期涂上防锈油脂。

2. 调整

(1) QBZ7-63,80,120,200 启动器在使用时应按所控制电动机的容量对保护器进行调整。JDB 综保通过调整最右边的“波段开关”和左边的“拨动开关”来整定电流。

(2)JDB 综保模拟试验可以通过把拨动开关拨动到“漏试”、“过试”、“短试”位置进行漏电闭锁模拟试验、过载模拟试验及短路模拟试验。

(3)在额定控制电源电压的 10% ~60% 之间启动器能可靠断开。在额定控制电源电压的 75% ~110% 之间启动器能可靠吸合。

(4)启动器内的控制变压器原端电压调在 660V 位置上,当使用 380V 电压时,需将前底板上电压选择装置调到 380V 位置上。

(5)根据用户需要把近控(远控)钮子开关拨到相应位置。根据需要把触点输出(36V 输出)钮子开关拨到相应位置。

十、使用与操作

1. 使用前的准备和检查

(1)各零部件有无因运输而损坏、松弛或遗失。

(2)隔爆面是否完好,间隙是否符合要求。

(3)启动器铭牌上的技术数据要与所控制的电动机功率相符合。

(4)在运行前须进行试操作。

2. 注意事项

(1)开关必须有可靠的接地装置。

(2)开关必须在断电后才能开盖。

(3)不接线的引入装置必须有密封圈、挡板挡住。

(4)开关搬运中严禁翻滚及强烈震动。

(5)耐压试验时要把电子器件、保护器拔下。

3. 保养和维护

(1)接触器在工作时,如发生较大的噪音,可用压缩空气或小毛刷等清除磁铁极面上的尘埃。

(2)在使用过程中应定期检查操作部分动作是否灵活、可靠,隔爆面紧固螺钉是否松动。

【任务实施】

一、实习准备

做好实习前的准备工作,包括工量具、磁力启动器、防爆按钮、防爆白炽灯、导线、保险丝、小螺丝配件、接线图纸、工作台等。

二、实习步骤及顺序

1. 学习电气原理、接线工艺、完好标准、安全知识及故障排除方法。

2. 上课做好记录，独立完成课堂布置的作业，做好实习场地的环境卫生工作，进行分组。

3. 检查启动器和其他电器元件是否有损坏现象，若有损坏，应向指导老师报告。

4. 通电必须得到指导老师同意，由老师接通电源，并在现场监护下进行操作。

5. 出现故障后或练习排除故障时，必须停电进行，若需带电检查，必须在老师的监护下进行。

6. 通电完毕后拆除电源，指导老师应进行全面检查。

三、考核项目及评分标准

考核项目	配分	评分标准	得分
拆装方法	10	1. 拆装顺序不对，每错一处扣 3 分 2. 元件、配件、螺丝乱放，扣 5 分 3. 损坏元件，扣 10 分	
布线工艺	20	1. 布线方法不正确，扣 10 分 2. 不符合工艺要求，每根扣 2 分 3. 接线头松动，露铜过长，反圈压绝缘层，导线不平直，每处扣 2 分	
回路连接	30	1. 主回路连接不正确，扣 10 分 2. 控制回路接连不正确，扣 10 分 3. 信号及局部照明接错，扣 2 分 4. 联锁控制接错，扣 3 分	
元件作用	10	1. 三极隔离开关 2. 三极电磁接触器 3. 控制变压器 4. 熔断器 回答不正确一项扣 2.5 分	
隔爆要求	10	按完好标准，不正确每条扣 2.5 分	
故障排除	10	排除不了以下问题： 1. 送电后不能启动，扣 5 分 2. 启动不自保，扣 5 分 3. 启动后不能停止，扣 5 分 4. 其他问题，扣 5 分	
额定时间	10	控制回路接线 40min，每超 10min 扣 5 分	
安全文明实习		违反一次规定扣 5 分，出现事故不得分	
总　分			

【思考与练习】

1. 简述 QBZ7-80 型隔爆型磁力启动器的用途及型号含义。
2. QBZ7-80 型隔爆型磁力启动器有哪些保护?
3. QBZ7-80 型隔爆型磁力启动器如何实现远方控制?
4. QBZ7-80 型隔爆型磁力启动器不自保的原因是什么?
5. QBZ7-80 型隔爆型磁力启动器不能停止的原因是什么?

任务二 QBZ7-80N 矿用隔爆型可逆真空电磁启动器

【知识点】

□了解 QBZ7-80N 矿用隔爆型可逆真空电磁启动器的结构特征及工作原理。

【能力点】

□掌握 QBZ7-80N 矿用隔爆型真空电磁启动器的安装、调整、使用和操作方法。

【任务描述】

在现代煤矿的采掘工作面中,经常使用 QBZ7-80N 矿用隔爆型可逆真空电磁启动器(图 11-8),将其接在低压馈电开关和电动机之间,用来控制与保护电动机。

【相关知识】

一、用途与型号含义

QBZ7-80N 矿用隔爆型可逆真空电磁启动器适用于瓦斯和煤尘爆炸危险的矿井中,用于控制交流 50Hz,电压 660V 的矿用隔爆型三相鼠笼式感应电动机的直接启动、停止和换向;具有失压过载、短路、断相(包括三相不平衡)漏电闭锁等保护,特别适于控制频繁操作的重载负荷、煤矿机械设备,如刮板转送机、皮带机、小绞车等。

型号含义:Q——启动器;B——隔爆型;Z——真空;7——设计序号;80——额定电流;N——可逆。

图 11-8 QBZ7-80N 矿用隔爆型可逆真空电磁启动器

二、启动器电气工作原理

QBZ7-80N 型真空电磁启动器有两套真空接触器，CKJ1 为正转真空接触器，CKJ2 为反转真空接触器。启动器本身无启动按钮，利用外接隔爆三按钮进行控制，本身停止按钮可以就地停止。为防止发生相间短路，启动器电路中具有电气联锁保护(图 1-9)。

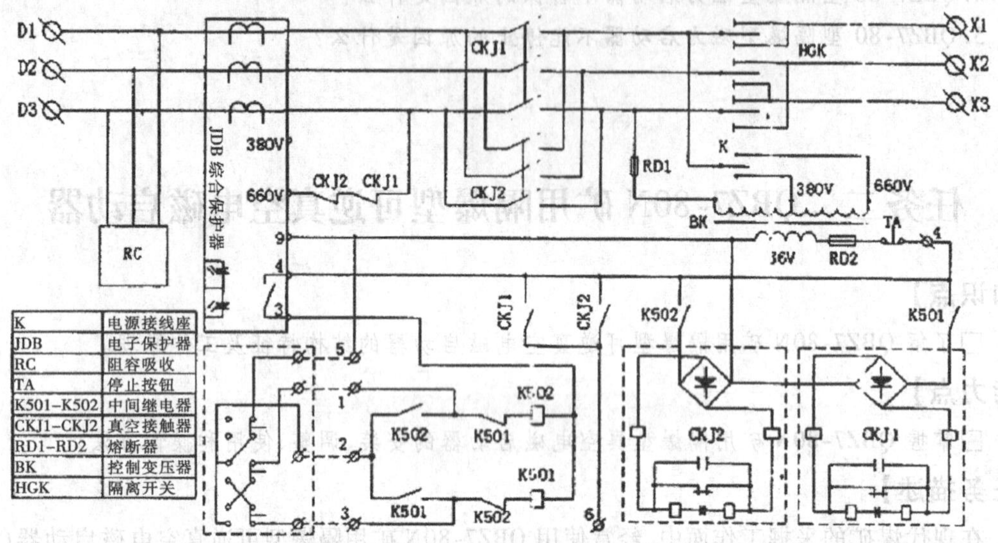

图 11-9　启动器电气工作原理图

1. 正转控制

首先要把控制抽头接到网路对应的电压端子和漏电检测回路对应的电压端子。合上隔离开关 HGK，按下启动按钮 SB2 构成下列通路：变压器 BK 二次 36V 端子→本身停止按钮 TA→综合保护器 JDB(4#、3#)端子→K501 中间继电器线圈→K502 中间继电器常闭触点→开关接线室的 3#接线端子→远方控制启动按钮 SB2→远方控制停止按钮→变压器 BK(9#)。

K501 继电器吸合：K501-1 常闭接点断开，切断漏电检测回路正转的第一个接点，防止高压串入综保。K501-2 常开接点闭合，真空接触器吸合线圈带电吸合，CKJ1 三个主触头闭合，接通电动机三相交流电源，电动机运转。CKJ1-1 常闭触点断开，断开漏电检测回路正转的第二触点，CKJ1-2 常闭触点断开，接触器由大电流吸合，转为小电流吸持。K501-3 常闭断开，防止反转启动发生短路。K501-4 常开闭合，形成自保回路，松开启动按钮，电动机仍能正常运转。

停止：本身停止按钮和远控停止按钮都能停止电动机运转，图中 RC 是防止过电压。

2. 反转控制

反转控制原理同正转控制原理基本相同。

三、接线

1. 接线盒接线如图 11-10 所示。

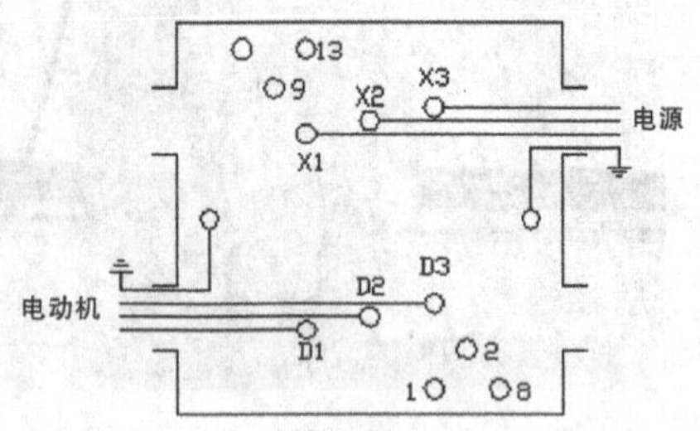

图 11-10　接线盒接线

四、接线要求

1. 打开接线盒盖和转盖，隔爆面一定要朝上，不能损坏隔爆面。

2. 先接控制线路按钮，再接电动机，最后接电源。

3. 电缆外径与出线口胶皮垫圈内径相互配合，要符合要求。

五、启动器故障判断与分析

1. 按启动按钮启动器不吸合

故障原因：

(1)主电源无电或电压低。

(2)熔断器 RD1、RD2 烧坏。

(3)启动按钮和停止按钮接触不良。

(4)控制回路断线或接触不良。

(5)电动机或被控制线路绝缘低。

2. 一个方向能启动另一个方向不能启动

故障原因：

(1)动作的一侧常闭触点接触不良或损坏。

(2)动作的一侧按钮常闭触点接触不良。

(3)不能启动的一侧控制线路断路。

【任务实施】

一、实习准备

做好实习前的准备工作，包括工量具、各种型号的磁力启动器、防爆按钮、防爆白炽灯、导线、保险丝、小螺丝配件、接线图纸、工作台等。

二、实习步骤及顺序

1. 学习电气原理与接线工艺、完好标准、安全知识及故障排除方法。

2. 上课做好记录，独立完成课堂布置的作业，做好实习场地的环境卫生工作，进行分组。

3. 检查启动器和其他元件是否有损坏现象，若有损坏，应向指导老师报告。

4. 通电时，必须得到指导老师同意初验后，由老师接通电源，并在现场监护下进行操作。

5. 出现故障后或练习排除故障时，必须停电进行，若需带电检查，必须在老师的监护下进行。

6. 通电完毕后，拆除电源，指导老师应进行全面检查。

三、安全注意事项

低压隔爆磁力启动器用在井下工作面上时，由于环境特殊，工作条件差，须加强维护与检修,以确保安全生产。其中最关键的是保证设备有良好的隔爆性能,所以必须参照有关检验规程检查和处理。

1. 各种磁力启动器安装时,最好与水平面垂直放置,若有困难时,则其倾斜度不能超过150°,否则启动器衔铁闭合与跳闸都不准确,可能产生误动作。

2. 安装时,需要用500V 摇表检查绝缘电阻,启动器主回路绝缘电阻在井下不得小于10MΩ,控制回路不得小于0.5MΩ。

3. 每个接线喇叭口只能出入一条电缆,并套上橡胶密封垫,用压紧垫片、压盘或压紧螺母把电缆压紧,以免在运行中因受外力而拉脱。启动器的每个接线螺母都要拧紧,以减少接触电阻。

4. 不用的电缆接线口应用橡胶密封垫或隔板封严。

5. 每台启动器都要有可靠的接地装置。

6. 正确选择熔断器,严禁用铜丝或导线代替熔丝。

7. 不要随意拧动每个固定螺丝,以免产生误动作。

8. 主触头需套好消弧罩后方可投入运行。

四、完好标准

1. 装设启动器的地点不能有滴水。

2. 启动器外壳及闭锁装置必须完好,无裂纹和穿孔,隔爆面不能生锈,若生锈可用汽油、松节油或二甲苯洗擦,然后涂一层薄薄的医用凡士林油,防止碰伤。隔爆面的间隙不能大于0.5mm(指转动部分的接触间隙),静止部分间隙应不大于0.2mm,局部有轻度凹伤,深度不超过1mm。

3. 电缆外径与出线口胶皮垫圈内径相互配合。

(1)胶圈的内径不大于电缆外径1mm,其外径与进线口内径差应不大于2mm,宽度不小于电缆直径的70%,厚度不小于电缆直径的30%,电缆与密封圈之间不准包缠其他物品。

(2)电缆护套伸入接线盒长度为10~15mm,较细的控制电缆为5mm。

(3)电缆芯线与导电螺杆连接时,当导线接好后,每根主芯线在接线盒内的长度,以统包护套算起最长不得大于接线柱至护套处直线距离10mm,三根线不能交叉弯曲,弧度要适当。其中接地芯线应有足够长度,要保证电缆向外拉出、各主芯线被拉脱导电螺杆时,地线仍保持连接。

4. 送电前的检查。

(1)打开前盖,检查主触头接触面的宽度不小于触头宽度的70%,三相触头不同时接触差不大于0.5mm。

(2)检查消弧罩是否变形,消弧片是否齐全(380V 不小于8片,660V 不小于11片),固定是否牢固,主触头有无卡住现象。

(3)检查熔断器的熔丝是否符合负载要求。

(4)检查内部连接有无折裂松动现象。

(5)检查主触头分开距离和接触器可动衔铁张开的距离,主触头分开间距为(12 ±1)mm。

五、考核项目及评分标准

考核项目	配分	评分标准	得分
拆装方法	10	1. 拆装顺序不对,每错一处扣3分 2. 元件、配件、螺丝乱放,扣5分 3. 损坏元件,扣10分	
布线工艺	20	1. 布线方法不正确,扣10分 2. 不符合工艺要求,每根扣2分 3. 接线头松动,露铜过长,反圈压绝缘层,导线不平直,每处扣2分	
回路连接	30	1. 不正确:主回路,扣10分 控制回路,扣10分 2. 信号及局部照明接错,扣2分 3. 联锁控制接错,扣3分	
元件作用	10	回答不正确: 1. 三极隔离开关 2. 三极电磁接触器 3. 控制变压器 4. 熔断器 各扣2.5分	
隔爆要求	10	按完好标准,不正确的每条扣2.5分	
故障排除	20	排除不了以下故障: 1. 送电后不能启动,扣5分 2. 启动不自保,扣5分 3. 启动后不能停止,扣5分 4. 其他问题,扣5分	
额定时间		控制回路接线40min每超10min,扣5分	
安全文明实习		违反一次规定扣5分,出现事故不得分	
	总　分		

【思考与练习】

1. 简述QBZ7-80N隔爆型磁力启动器的用途及型号含义。

2. QBZ7-80N隔爆型磁力启动器的电气闭锁是如何实现的?

3. QBZ7-80N隔爆型磁力启动器一个方向能启动而另一个方向不能启动的原因是什么?

任务三　QJZ-300/1140 矿用隔爆兼本质安全型真空磁力启动器

【知识点】

□了解 QJZ-300/1140 型矿用隔爆兼本质安全型真空磁力启动器的适用范围、技术特征及结构特征。

【能力点】

□掌握 QJZ-300/1140 型矿用隔爆兼本质安全型真空磁力启动器的内部主要元件及电气原理。

【相关知识】

一、用途

该启动器主要用于煤矿井下，在交流 50Hz、电压为 1140V 或 660V 供电线路中对三相鼠笼型感应电动机直接启动、停止和反转控制，同时对电动机及有关电路进行保护，在必要时允许使用机壳上换向开关操作手把，直接分断负荷电流。

二、型号含义

QJZ-300/1140：Q——启动器；J——隔爆兼本质安全型；Z——真空型；300——额定电流(A)；1140——额定电压。

三、主要技术参数和技术性能

1. 启动器额定工作电压：660V、1140V。

2. 额定工作电流：300A。

3. 启动器整定电流范围：10～320A，其中分为五挡粗调：分别是 10～21A、40～80A、80～160A、160～320A，细调采用时钟式无级细调。

4. 控制电动机的功率范围，在额定工作电压为 1140V 时，功率范围为 15～440kW；在额定工作电压为 660V 时，功率范围为 9～250kW。

5. 启动器在线路电压不低于额定值 75%、不高于额定值 110% 的范围内能可靠吸合。

6. 启动器的控制回路为本质安全型电路，其额定电压为 24V，工作电流为 300mA，最大短路电流为 139mA。

7. 启动器具有过载保护、断相保护、漏气闭锁保护、漏电闭锁保护、过电压保护和防止先导回路发生短路时的自启动保护。

8. 启动器采用 LED 型发光二极管显示，具有电源、运行显示，还有过载、断相、短路、漏气、漏电闭锁故障显示。

9. 启动器具有试验开关，可对启动器的保护系统进行试验检查，以判别电路是否正常。

10. 启动器具有快速熔断器后备保护。

11. 启动器有就地控制、远方控制、程序控制和联锁控制。

12. 启动器具有 4 个动力线装置,可穿入外径为 32 ~ 71mm 的电缆,还有 4 个控制线进线装置,可穿入外径为 14.5 ~ 21mm 的电缆。

13. 启动器重量为 380kg。

四、结构特征

启动器采用 17K-4 通用外壳,方形结构有利于充分利用空腔。外壳由 8mm 钢板焊接而成,外部设有加强筋。外壳隔爆腔分上空腔(也称接线腔)和下空腔(也称主空腔),前门采用止口快开门式,操作灵活方便,门上装有启动按钮、复位按钮和各种信号指示发光二极管。整个启动器由座在撬形底架上的方形外壳、固定式千伏级元件、折页式控制线路元件及前门等部分组成。

1. 开门与拆芯步骤:

(1)开门时,需先按下机壳右侧的停止按钮,转动隔离换向开关至停止位置,然后按顺时针旋进闭锁螺栓,抬起左侧固定于铰链上的操作手把约 30mm 后(不要过于抬高),前门即可打开。开门时,用手提铰链上的操作手把转动前门即可关闭(转动前门时注意操作手把抬起的高度,避免操作手把上部的凸转与铰链顶撞)。

(2)打开前门后,逆时针方向旋松折页式芯子右侧的锁紧螺栓,将挂钩与芯子脱开,折页芯式子可以折页轴为圆心转动,致使整个芯子伸出壳外,以便维修。折页芯子与其他部件的电气联系全部通过 CA 型插件连接。必要时将插件拔掉,并将折页上的坚固螺钉拧下,整个芯子即可抽出,芯子装入壳内的程序与抽出壳外的方法相反。

2. 启动器控制线路使用的导线中,千伏级为红色,本质安全回路为蓝色,其他为白色或其他颜色。每根千伏级导线均套有耐热塑料软管,所有导线两端均套有标着线号的异形套管。

图 11-11 固定芯板与折页芯板

3. 固定芯板与折页芯板如图 11-11 所示。

JC4—快速插接件;Tc1—控制变压器;Cz—电容;1FVH、2FVH—千伏级熔断器;QV—真空接触器；3FUH、4FUH—主回路熔断器；Tc—本安变压器；XDz—先导组件；Jc5、Jc6—快速插接件。

1K、2K、3K、4K、5K—直流中间继电器；FU—小熔断器；VD—整流桥；2km、3km—中间继电器；SA1—粗调电位器；Xzz—信号套定组件；LDz—漏电闭锁保护组件；BHz—保护组件；DSz—电源延时组件。

五、真空换向开关

真空换向开关由两部分组成：一是真空触头组 QSV，一是换向触头组 ST（非真空触头），两部分利用一个共用的手把进行操作，通过机械组合达到分合电流和换向的目的。所谓“真空触头组”，就是指真空接触器使用的真空管，由 3 只真空管组成一组，装在换向开关中用来分合三相电源。

换向触头组实际上与普通鼓形换向开关结构相似，其静触头由 6 个触头组成。动触头是由一个不换向触头和 3 个三爪型动触头加绝缘组件组合而成。

真空触头组一端与电源相接，另一端与换向触头组连接。为保证换向开关能在特殊情况下用来连接分断电流，常采用真空管来分合电流，而换向触头只承担换向，因此换向开关的机构必须保证。

1. 合闸时：换向触头完全牢靠地合闸后，换向触头组才闭合。

2. 分闸时：真空触头完全断开后，换向触头组才分开，换向触头组由于是在不带电情况下进行换向的，故不需设灭弧装置。

QJZ-300/1140 真空磁力启动器的拆装：首先拔掉控制线插座，再拆除 6 根主导线，最后旋松 4 根固定螺栓，向右推动“QV”即可取出，真空接触器安装时的顺序与之相反。

3. 真空触头间隙的调整：先取下上调螺母，再拧下压盘螺钉，取下压盘，分别旋进三相的下调整螺母，使动静触头刚好分离（三相反复调试用万用表判断，并做好标记），然后将三相的下调整螺母按顺时针方向旋转 1 周，使动静触头的开距刚好调至 1.5mm（调整螺母的螺距为 1.5mm），达到三相同步的要求。旋紧螺钉，使压盘压紧下调整螺母，装上上调整螺母并旋紧，调整完毕。

4. 整定电流方法：X = 18.7 - 100（粗调下限）/6IN - 0.7（粗调下限）

式中 X 的整数部分为“时”，小数部分乘以 60 即为“分”，IN 为电动机额定电流。

【任务实施】

一、实习准备

QJZ-300/1140 开关若干台、电工工具、电缆按钮等。

二、实习步骤

1. 真空开关的开门解锁及拆装。

2. 接线训练。

三、安全注意事项

1. 拆卸时应防止碰伤隔爆面。
2. 拆卸时应注意不要损坏零部件。
3. 做到安全文明实习。

四、评分标准

考核项目	配分	评分标准	得分
真空交流接触器动作原理	10	1. 结构组成 2. 分闸状态 3. 合闸状态 每错一项扣4分	
漏气保护动作原理	10	1. 接力继电器的结构特征 2. 正常情况分析 3. 漏气时保护过程 每错一项扣4分	
真空管及拉力继电器的测试	10	1. 外部结构完好无损 2. 用万用表"Q"挡测触头电阻接近为0 3. 有相应的动作拉力 每错一项扣5分	
主要元器件的图、物对照	20	主要元件有CJZ、1ZJ、2ZJ、3ZJ、1SJ、2SJ、控制变压器、保险管、拉力继电器 每错一处扣3分	
开门操作	10	五个步骤,打不开门为0分 每错一步扣2分	
芯架的拆装	20	动作熟练,应一次成功,二次不成功为0分 每一项不符合扣10分	
试验检查	20	1. 各挡次试验目的明确 2. 能根据试验判断开关故障 每错一处扣5分	
安全文明生产实习		一次违纪扣10分 造成事故不得分	
		总 分	

【思考与练习】

1. 简述QJZ-300/1140型真空磁力启动器的用途及型号含义。
2. QJZ-300/1140型真空磁力启动器的保护有哪些?
3. QJZ-300/1140型真空磁力启动器如何进行开门解锁及芯体拆装?
4. 正确认识QJZ-300/1140型真空磁力启动器的各元件位置与作用。

任务四　QJZ-400/1140 矿用隔爆兼本质安全型真空电磁启动器

【知识点】

□了解 QJZ-400/1140 矿用隔爆兼本质安全型真空磁力启动器的适用范围、技术特征及结构特征。

【能力点】

□掌握 QJZ-400/1140 矿用隔爆兼本质安全型启动器的安装、调整、使用及操作方法。

□能够正确分析和排除常见的故障,并按照完好标准进行操作和日常维护。

【相关知识】

一、概述

1. 适用范围

QJZ-400/1140 矿用隔爆兼本质安全型真空电磁启动器(以下简称“启动器”)用于有爆炸性危险的气体和煤尘的矿井中,适用于交流 50Hz、电压 1140V 的电路中,直接或远距离启动,停止和正反转控制三相鼠笼型异步电动机,同时对电动机及有关电路进行综合保护。

2. 型号含义

Q——启动器;J——交流;Z——真空;400——额定电流(A);1140——额定电压(V)。防爆形式:矿用隔爆兼本质安全型;防爆标志:Exd[id]I。

二、结构特征与工作原理

1. 结构特征

启动器由装在撬形底架上的方形隔爆外壳和芯架小车组成。防爆外壳分为上腔和下腔两部分。上腔为接线腔,下腔为主腔。启动器的输出电缆和控制电缆的连接均采用压盘式引入装置。启动器前门采用快开门结构,开门时,先顺时针转动门右旁锁孔里的门栓,直至门栓完全脱离前门插入转轴缺槽,然后将门手柄向前扳并使其左转,门向右平移脱离卡板后打开。前门与隔离开关有可靠的机械联锁,保证只有当隔离开关在断开位置时,前门才能打开。前门打开后,用正常的操作方法不能合上隔离开关。

隔离开关操作手柄具有正向、停止、反向 3 个位置。隔离开关与真空接触器之间的电气联锁通过隔离开关的辅助触头来实现,这就避免了在使用中隔离开关的带负荷分断。但在紧急情况下,如接触器触头因粘接而不能开断时,允许隔离开关带负荷切断电源。

启动器的组成电器元件(真空接触器、隔离换相开关、控制变压器、熔断器、接触式继电器、智能保护器、阻容吸收装置)均安装在芯架小车上,启动器前门打开后,芯架小车可沿导轨拉出,以方便安装与维修。芯架小车与外壳主腔的电气连接采用接插式连接方式。

2. 工作原理

(1)整机工作原理。启动器的本安控制回路由本安变压器与保护器内的本安电路板组成,“近控/远控”选择可通过操作菜单整定,从而实现就地或者远方控制。

主接触器 KM 的吸合线圈一端接在控制变压器 B 二次侧 36V 的一端,同时通过继电器 J1 和 18 进入保护器,另一端接于电源变压器的 0 端,并通过 17 进入保护器,保护器内控制继电器与 KM 的线圈串联。当保护器内继电器吸合时,KM 吸合,启动器合闸送电;当继电器断开时,KM 跳闸。

时间继电器 sJ 用来在启动前接通漏电检测回路,sJ 的线圈一端接在控制变压器 36V 上,另一端辅助常开接点,再回到 36V 的 0 端。当 KM 吸合时,sJ 吸合,sJ-1 迅速打开;当 KM 释放时,sJ 失电,sJ-1 延时闭合,接通漏电闭锁回路。

电流互感器 LH1、LH2、LH3 的输出端分别接到保护器的 3、6、11 上,在保护器内将检测的电流信号与电流整定值进行比较,电流超限时按照反时限规律断电保护。

(2)单台就地控制。启动器工作在单台就地控制方式时,可将保护器菜单"远近控制"设在"近控"的位置,此时启动器由本身的起、停按钮 QA 和 TA 控制。

(3)单台远方控制。启动器可工作在单台就地控制方式。此时可将保护器菜单"远近控制"设在"远控"的位置,此时启动器由远方起、停按钮 QA 和 TA 控制。

(4)多台程序控制。多台启动器工作在程序控制状态时,保护器菜单"远近控制"均设在"远控"位置。最后一台启动器"程序控制"设在"关闭"位置,其他各台"程序控制"都设在"打开"位置。其中各台的 xT 端子排上的 1、2 端子接先导回路,用以输入前级来的启动控制信号;11、12 端子接本台主接触器的常开触点,用以向前级反馈本台的启动状态信号;5、6 端子通过 20、21 接本台保护器内继电器 J3 的常开触点,并且串联二极管,用以输出控制信号启动后级;4、9 端子用以接收后级的启动状态信号。正常情况下,按下远方控制盒中的启动按钮,第一台启动,然后延时 1~10s 可调,下一台启动,如果某一台在发出启动信号后 5s 内没有收到下一台的反馈信号,则此台启动器断电,实施程序控制保护;同时它的反馈信号又使前一台断电,这样由后向前,逐级使全部启动器依次断电。

(5)瓦斯传感器的连接。本启动器具有瓦斯检测与超限断电功能,检测瓦斯的浓度范围为 0~4%。本启动器可连接本安电流输出型瓦斯传感器,接线方法见电气原理图。此时应将保护器上的瓦斯开关打在"瓦斯"的位置上。传感器传来的 1~5mA 电流信号在启动器保护器中的 R 电阻上形成电压信号,该电压信号通过 A/D 转换进入单片机,并在显示板上显示瓦斯浓度值。当瓦斯浓度超过 1% 时,启动器保护实施闭锁,不能合闸。当启动器在合闸状态且瓦斯浓度超过 1.5% 时,启动器实施断电,闪烁并显示瓦斯浓度值。

(6)保护器的漏电故障是针对漏电闭锁而言,指启动器在吸合前对其负荷线路的对地绝缘进行检测,若低于闭锁值,则启动器拒绝启动。

三、技术特性

1. 主要技术指标

(1)额定电压:1140V、660V。

(2)额定频率:50Hz。

(3)额定电流:200A、315A、400A。

(4)额定接通分断能力:接通 10Ie、分断 8Ie。

(5)极限分断能力:4500A。

(6)电寿命:3 万次(AC4)。

(7)机械寿命:100 万次。

(8)隔离开关分断能力:1200A/3 次。

(9)工作制:八小时工作制及断续周期工作制。

(10)出线口:主回路出线口 4 个,可穿入 $\phi32 \sim \phi71$ 橡套电缆;控制回路进出线口 3 个,可穿入 $\phi14.5 \sim \phi21$ 橡套电缆。

2. 本安参数

(1)启动器先导控制电路为本质安全型,正常工作时直流本安电压≤12V,直流本安电流≤10mA,最大故障交流本安电压≤12V,交流本安电流≤40mA。

(2)启动器本安电路控制电缆应小于 300m,电缆分布电感应小于 1mH/km,分布电容应 <0.1μF/km。

3. 保护性能

(1)过载保护:1.05Ie,长期不动作;1.2Ie <20min,动作;1.5Ie <3min,动作;6Ie≥5s,动作。

(2)短路保护:8 ~10Ie。

(3)断相保护:一相电流为零,其他二相不为零(3min 动作)。

(4)漏电闭锁:1140V 绝缘电阻小于 40kΩ 时闭锁;660V 绝缘电阻小于 22kΩ 时闭锁。

(5)瓦斯浓度检测范围 0 ~4%。

(6)瓦斯传感器信号范围:1 ~5mA。

五、安装与调整

1. 接线箱内 x1、x2、x3 接电源,D1、D2、D3 接负载,外接隔爆按钮。

2. 运行前调整整定保护器整定值,使保护电流接近于电量机的额定电流。

3. 检查各元件有无运输或其他原因引起的螺钉松动、损坏等。

4. 检察安装接线是否正确,在地面试验正常后方可下井。

5. 检查操作控制按钮,使启动器动作可靠,辅助触点开闭正常。

六、使用与操作

1. 操作说明

复位:按下该键,装置处于复位状态;释放该键,装置从起始位置进入工作状态。

确认:按下该键,执行光标(反白显示)处的操作。

上选:按下该键,可使光标上移,或使反白显示处的参数增加。

下选:按下该键,可使光标下移,或使反白显示处的参数减小。

2. 显示信息与按键操作说明

启动器送电后,液晶屏显示如下信息。

<table>
<tr><td colspan="2" align="center">智 能 化 启 动 器</td></tr>
<tr><td colspan="2">Uz = 1140V</td></tr>
<tr><td colspan="2">Iz = 400A</td></tr>
<tr><td colspan="2">Id = 108</td></tr>
<tr><td colspan="2" align="center">浙江浩鑫</td></tr>
<tr><td colspan="2" align="center">2005/10/18　8:28</td></tr>
</table>

其中 Uz 为系统电压整定值,Iz 为电流整定值,Id 为短路倍数整定值。

启动器合闸后,液晶屏显示如下信息。

<table>
<tr><td colspan="2" align="center">智 能 化 启 动 器</td></tr>
<tr><td>Uz = 1148V</td><td>Ia = 315A</td></tr>
<tr><td>P = 618kw</td><td>Ib = 314A</td></tr>
<tr><td></td><td>Ic = 315A</td></tr>
<tr><td colspan="2" align="center">浙江浩鑫</td></tr>
<tr><td colspan="2" align="center">2005/10/18　8:28</td></tr>
</table>

其中 Uz 为电网实际电压,P 为有功功率,I 为三相电流值。

注:若启动器中电压 Uac 或电流 Ia 相序接错,合闸运行后“有功功率”一直显示为 0。

3.“菜单”屏

<table>
<tr><td>1 开关整定</td></tr>
<tr><td>2 保护试验</td></tr>
<tr><td>3 故障信号</td></tr>
<tr><td>4 时间调整</td></tr>
<tr><td>5 保护整定</td></tr>
<tr><td>6 参数设置</td></tr>
<tr><td>7 返回上屏</td></tr>
</table>

4.“故障信息”屏

<table>
<tr><td></td><td align="right">10/18</td></tr>
<tr><td>前 1 次</td><td align="right">8:28</td></tr>
<tr><td colspan="2" align="center">短路故障</td></tr>
<tr><td>Uac = 1134V</td><td>Ib = 3270A</td></tr>
<tr><td>Ia = 3260A</td><td>Ic = 3270A</td></tr>
<tr><td colspan="2" align="center">按确认键返回</td></tr>
</table>

注:故障信息包括短路故障、漏电故障、过载故障、断相跳闸、过压故障、欠压故障和相应的电网故障参数以及发生该故障的时间和日期。

5. “启动器整定”屏

1	系 统 电 压	1140V
2	整 定 电 流	400A
3	短 路 倍 数	10 倍
4	远 近 控 制	远控
5	过 压 保 护	关闭
6	程 控 延 时	10s
7	过 压 比 率	120%
8	过 压 延 时	5s
9	欠 压 保 护	关闭
10	欠 压 比 率	55%
11	断 相 保 护	打开
12	瓦 斯 保 护	打开
13	程 序 控 制	打开
14	保 护 整 定	保存
15	返回上屏	

“保护整定”内容：

(1)系统电压：电网电压可选“1140V”或“660V”。

(2)整定电流：过载保护与短路保护的动作定值依据，可调范围为 20 ~ 400A，以 5A 为一个变化间隔递增。

(3)短路倍数：短路电流/整定电流的比值，分 3 ~ 10 八挡。

(4)远近控制：近端控制与远端控制。

(5)程控延时：本启动器启动后延时启动下一台开关，时间为 1 ~ 10s 可调。

(6)过压保护：过压保护功能选择，可选“打开”或“关闭”。

(7)过压比率：过压比率功能选择，可选“101% ~ 130%”。

(8)过压延时：过压延时功能选择，可选“1 ~ 5s”。

(9)欠压保护：欠压保护功能选择，可选“打开”或“关闭”。

(10)欠压比率：欠压比率功能选择，可选“50% ~ 85%”。

(11)断相保护：断相保护功能选择，可选“打开”或“关闭”。

(12)瓦斯保护：瓦斯保护功能选择，可选“打开”或“关闭”，检测瓦斯的浓度范围为 0 ~ 4%。

(13)程序控制：程序控制功能选择，可选“打开”或“关闭”。保存整定，可选“放弃”或“执行”。修改完整定内容后，只有选中“执行”时，本次修改的内容才能存入保护单元，否则返屏后维持原整定内容不变。

6."装置设置"屏

1	通信地址	99
2	波特率	4800
3	记忆清零	放弃
4	返回上屏	

"装置设置"屏上可进行整定的内容如下:

(1)通讯地址:本保护单元在通信网络中的地址选择,可选范围为1~99。

(2)波特率:本保护单元通信速率选择,可选1200、2400、4800、9600bps。

(3)记忆清零:"故障追忆"信息清零选择,可选"放弃"或"执行"。

七、故障分析与排除

表11-5　故障分析与排除

故障	原因	排除
无显示	1.电源没有加到保护器上 2.电源没有加到显示板上	1.检查220V电源插座,检查36V电源插座 2.检查变压器输出、输入端子电压,保险管等 3.检查显示板直流供电电压5V
显示混乱	显示板3、4线连线故障	查线
漏电过流检测无反应	漏电,过流检测回路故障	查线
合不上闸	J1不能吸合	1.检查保护器的插座是否接触不良 2.检查36V电源是否存在 3.检查吸合线圈供电回路是否开路
电压显示不正常 电流显示不正常	1.变压器二次侧输出故障 2.电流互感器连线故障	1.检修变压器 2.查线
保护不跳闸	控制回路故障	检查J1、保护器、KM等回路

八、使用与维护

1.启动器使用前应检查是否有产品合格证,并检查在运输或存放过程中有无损坏。发现问题应及时处理,否则不准使用。

2.在使用过程中应定期检查真空开关管的真空度,粗略考核真空度的方法是将真空触头单独进行工频耐压值的测定。工频电压施压加在分断状态下的真空触头动、静导电杆之间(动导电杆接地),将测量的工频耐压值与产品出厂时的试验电压(10kV/1min)相比较,如低于7kV,则不允许使用。

3.应注意电源电压等级是否与启动器控制变压器原端接线一致,并将电子保护插件接到与电源电压相符的一端。

4.用户如进行耐压试验,注意一定要将阻容吸收装置拆除,同时还要将电子保护组件和先导插件拔出，否则会造成元件损坏。进行大电流试验时，应将控制变压器的一次侧(1140V)的两根线与主回路断开，否则会发生人身设备事故。

5. 关于本质安全电路：不准用电缆接地芯作为本安电路的控制线；本安电路不准与其他非本安电路连接；不准更改本安电路的元器件型号、规格参数。

6. 启动器接线腔两侧的进出线引入装置及控制回路进出线引入装置暂不使用的，均应使用压盘、金属堵板和密封圈进行可靠密封；防爆接合面在使用中严禁碰伤，注意保持表面清洁，定期涂上一层 204-1 置换型防锈油。

7. 启动器在井下装卸及搬运过程中，应避免强烈震动，严禁翻滚。

【思考与练习】

1. 简述 QJZ-400/1140 型真空磁力启动器的用途及型号含义。

2. QJZ-400/1140 型真空磁力启动器的保护有哪些？

3. 如何进行安装 QJZ-400/1140 型真空磁力启动器？

4. 分析与处理 QJZ-300/1140 型真空磁力启动器的故障。

任务五　QJZ-400(315、200)/1140(660)矿用隔爆兼本质安全型真空电磁启动器

【知识点】

□了解 QJZ-400/1140 矿用隔爆兼本质安全型真空电磁启动器的型号含义、结构特征及原理。

【能力点】

□掌握 QJZ-400/1140 矿用隔爆兼本质安全型真空电磁启动器的安装、调整、使用及操作方法。

【相关知识】

一、概述

1. QJZ-400(315、200)/1140(660)矿用隔爆兼本质安全型真空电磁启动器(以下简称"启动器")适用于具有爆炸性危险的气体和煤尘的工作环境，在交流 50Hz、额定电压 1140V 或 660V 的供电系统中，控制额定电流 200A、400A 以下的三相鼠笼型异步电动机的直接启动、停止及反转，同时对电动机及有关电路进行保护。启动器有瓦斯和风电闭锁功能。

2. 开关主要特性

(1)本启动器的控制保护器采用了先进的双 CPU 电路，电路简单、可靠，采用贴片元件和先进的焊接工艺，具有人机对话界面，辅以工业级外围芯片、精密小型电流互感器、小型专用继电器。高精度 A/D 转换芯片对交流信号进行直接采样运算，更加真实地反映电网的实时运行状况，保护灵敏可靠，测量精度高。单片机对各保护功能有自检功能，能及时指出故

障部位。单片机的复位电路及漏电闭锁检测电路的电流为毫安级,整机防爆安全性能好。

(2)隔爆壳体采用快开门专利结构。本机设有模拟试验按钮,通过模拟试验按钮可方便地检查各部件的完好性,使维修简单方便。

(3)保护带有隔离的 RS485 串行通讯接口,便于接入井下电网自动化系统。

(4)本开关具有单机近控、单机远控、程控等功能。

(5)本开关具有故障记忆功能,最多可查询前 99 次故障参数,具备断电保存功能。

3. 型号

QJZ—400/1140:Q——启动器;J——隔爆兼本质安全型;Z——真空式;400——额定电流;1140——额定电压。

防爆类型:矿用隔爆兼本质安全型;防爆标志:Exd [ib]I。

二、主要技术性能指标

1. 额定电压:1140V 或 660V。

2. 额定电流:200A、315A、400A。

3. 接通分断能力:接通 4000A,分断 3200A。

4. 极限分断能力:4500A。

5. 机械寿命:100 万次;电寿命(AC4):3 万次。

6. 隔离开关分断能力:1200A。

7. 工作制:八小时工作制及断续周期工作制。

8. 启动器先导控制电路为本质安全型,正常工作时直流本安电压≤6V,直流本安电流≤45mA,最大故障交流本安电压≤12V,交流本安电流≤100mA。

9. 电源电压为额定值的 75% ~110% 时,启动器应能可靠工作。

10. 当主电路对地绝缘电阻在 1140V 时小于等于 40kΩ,660V 时小于等于 22kΩ 时,启动器应能实现主电路漏电闭锁,不能合闸。

11. 启动器本安电路控制电缆应小于 300m,电缆分布电感应小于 1mH/km,分布电容应小于 0.1μF/km。

12. 外形尺寸:875mm×645mm×840mm。

13. 重量:340kg。

三、结构概述

启动器由安装在撬形底座上的方形隔爆外壳和芯架小车组成,如图 11-12、图 11-13 所示。

隔爆外壳分上、下腔两部分。上腔为接线腔,下腔为主腔。启动器的输出电缆和控制电缆的连接,均采用压盘式引入装置。

启动器的前门采用快开门结构。开门时,先顺时针转动门右侧闭锁孔里的门闭锁螺栓,直至闭锁螺栓完全脱离前门转轴凹槽,然后将门操作手把向左转,门向右平移脱离卡板后,门沿铰链轴旋转打开。前门与隔离开关有可靠的机械联锁,保证只有隔离开关在断开的位置时,前门才能打开。前门打开后,以正常的操作方式不能闭合隔离开关。

隔离开关操作手柄有正向、停止、反向 3 个位置。隔离开关与真空接触器之间通过隔离开关的辅助触点来实现电气联锁，这样就可以避免隔离开关带负荷分断。在紧急情况下，如接触器触头粘连，允许隔离开关非正常地带负荷切断电源。

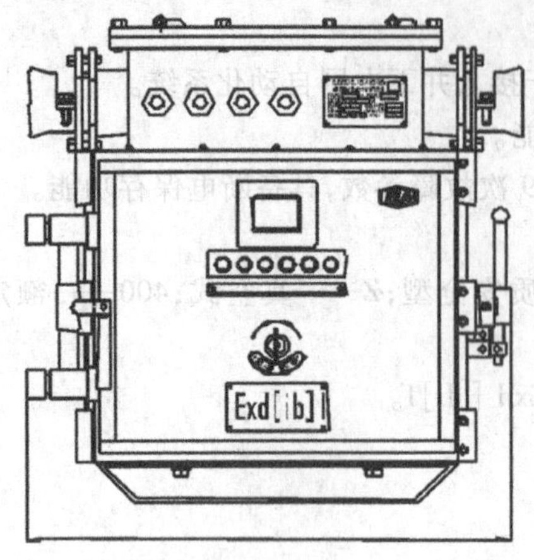

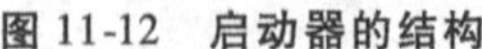
图 11-12　启动器的结构

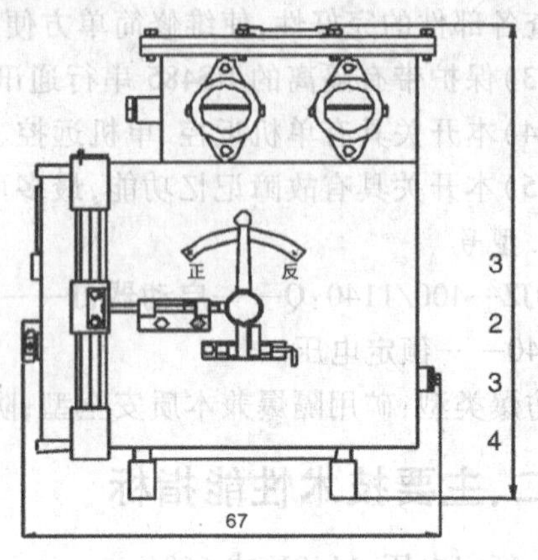

图 11-13　启动器的结构

启动器的组成元件（真空接触器、隔离换相开关、控制变压器、电流互感器、熔断器、中间继电器、阻容吸收器、综合保护器、显示器、控制按钮）均安装在芯架小车上，启动器前门打开后，芯架小车可沿导轨拉出，便于安装和维修。芯架小车与箱体的电气连接采用插接方式，芯架上的导电插板依靠小车架上的螺旋机构插入箱体的插座。

四、工作原理

1. 整机工作原理

启动器的电气原理图如图 11-14 所示。由启动按钮 QA、停止按钮 TA 将启动或停止信号供给智能保护器，智能保护器的控制触点 CA13 和 CA14 控制中间继电器 J1 的吸合和释放，再由中间继电器触点 J1-1 控制真空接触器 CKJ 的合闸与分闸。保护器可通过直接串在三相母线上的电流、电压传感器 LH11 ~ LH33 采集到的模拟量及开关量进行快速的采样，并完成各种运算处理。一方面，能实时显示电流及电压值；另一方面，出现故障时能根据故障性质决定脱扣跳闸的时间，并记忆故障的有关参数以便查询，在必要时还可通过 RS485 通讯接口与整个监控系统进行通讯。另外，通过启动器门上的另 4 个按钮完成对保护器各种保护功能的整定，可真正实现保护器的智能化。

2. 单台就地控制

启动器可以工作在单台就地控制方式，将智能保护器菜单中的控制设置选为“单机近控”，此时启动器由本身的起、停按钮 QA、TA 控制。

3. 单台远方控制

启动器可工作在单台远方控制方式，将智能保护器菜单中的控制设置选为“单机远控”。

4. 多台程控控制

多台启动器工作在程控控制状态，将智能保护器菜单中的控制设置选为“程控远控”，也可选择“程控近控”。最后一台启动器将智能保护器菜单中的控制设置选择为“单机远控”。

多台程控控制接线如图 11-15 所示。其中各台的 XT 端子排上的 K1、K3 端子用以输入前级来的启动控制信号；K8、K9 端子接本台主接触器的常开触点，用以向前级反馈本台的启动状态信号；K4、K5 端子通过接本台保护器内继电器的常开触点，用以输出控制信号启动后级；K6、K7 端子用以接收后级的启动状态信号。正常情况下，按下远方控制盒中的启动按钮，第一台启动，然后延时 1 ~ 3s，下一台启动，如果某一台在发出启动信号后 9s 内没有收到下一台的反馈信号，则此台启动器断电，实施程控保护，显示“程控故障”。同时它的反馈信号又使前一台断电，这样由后向前，逐级使全部启动器断电。首台为“程控近控”时，可按门上的按钮启动。

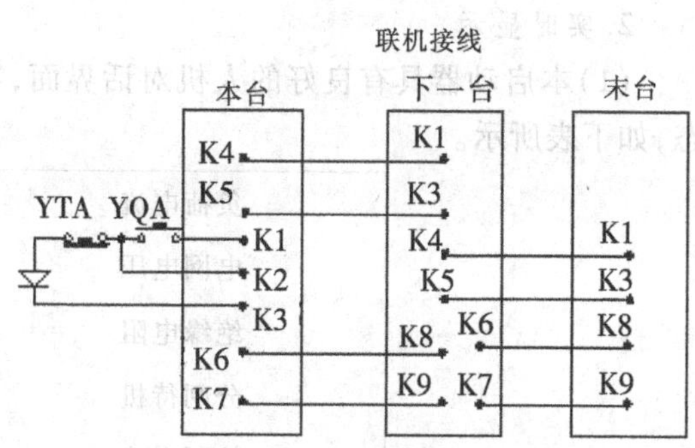

图 11-14　多台程控控制接线

五、保护单元技术参数及操作说明

1. 保护参数

（1）漏电闭锁功能：在磁力启动器合闸前能对供电线路对地绝缘情况进行检测，当绝缘电阻低于 7kΩ（380V）、22kΩ（660V）、40kΩ（1140V）时，能实现漏电闭锁功能，使磁力启动器不能合闸。当主电路绝缘阻值上升到闭锁值的 1.5 倍时，自动解除漏电闭锁。

（2）整定电流值：5 ~ 400A，步长为 5A。

（3）过载保护：过载动作时间采用反时限实时计算，具有热记忆特性，满足下表规定。

过载倍数	动作时间
1.05	2h 不动作
1.20	5min < t < 20min
1.50	1min < t < 3min
6.00	8s ≤ t ≤ 16s

过载保护后启动器 3min 内自动复位。

（4）短路保护：短路保护为整定电流的 8 ~ 12 倍，动作时间小于 400ms。

（5）欠压保护：欠压保护可整定为打开或关闭，打开时动作时间为 5s，具有自复位功能，可在故障记忆中查询此故障。

（6）过压保护：过压保护可整定为打开或关闭，打开时动作时间小于 100ms。

（7）具有瓦斯、风电闭锁功能。

（8）故障记忆功能：本启动器具有故障记忆功能，记忆的内容包括故障类型、动作值、动作时间。

（9）通讯功能：本启动器通过 RS485 可将有关保护整定值及发生故障送至远方监控器。

（10）显示功能：本启动器显示包括一个有背光功能的 10 × 5 汉字字符型液晶显示屏。在正常工作时，显示屏将同时显示工作电流值及系统的线电压值，在整定时通过按钮选择显示各种菜单、整定参数值、故障参数值。

（11）试验功能：本启动器可对保护功能漏电、过载功能进行试验。

2. 实时显示

(1)本启动器具有良好的人机对话界面,在通电后将实时显示电流值、电压值及当前状态,如下表所示。

负荷电流	0000A
电网电压	0000V
绝缘电阻	0000kΩ
分闸待机	00:00
控制方式	程近

显示屏下方有 6 个操作按钮:

停止	启动	上选	下选	确认	复位

为了使操作更便捷,使用“上选”、“下选”、“确定”及“复位”4 个按钮来操作。操作中按“确认”钮可以进入下级菜单或返回上级菜单,或进行调整参数,或参数调整完毕按“确认”钮返回。“上选”、“下选”按钮用来选择待操作的项或对参数进行调整。“复位”按钮在各种故障保护动作后,均需按复位按钮,才能重新启动合闸。

(2)主菜单。实时显示时,可按“上选”、“下选”、“确认”进入主菜单界面。

1 运行信息
2 故障追忆
3 系统设置
4 跳闸试验
5 短路试验
6 漏电试验
7 装置信息
8 出厂设置
9 返回上屏

按键可使光标移动以选中主菜单项,按“确认”按钮可进入相应各子菜单项。

(3)运行信息:

功率因数	0000
有功功率	kW
累计电度	度
控制方式	程控
累计故障	次
返回	

(4)故障记忆:进入故障记忆菜单后,可查询发生的故障信息,包括短路故障、漏电故障、瓦斯闭锁、风电闭锁、过压故障、欠压故障、过载故障等。

前99次			2007:10:16
			08:20:30
短路跳闸			
UAC	1140V		
Ia	3260A	Ic	3280A
按"确认"键返回			

(5)系统设置:

1 保护整定
2 时钟设置
3 累计清零
4 通信设置
5 密码设置
6 控制设置
7 返回

(6)保护整定:

1 系统电压	1140V
2 整定电流	400A
3 短路电流	8 倍
4 过载常数	3 倍
5 过压保护	打开
6 欠压保护	打开
7 漏电保护	打开
8 风电闭锁	常闭
9 瓦斯闭锁	常闭
10 启动频繁	打开
11 启动过长	打开
12 保存整定	保存
13 返回	

说明:将光标移到系统电压,然后按下"确认"键,光标锁定1140V,再按"上选"或者"下选"键,选择合适的电压,可选1140V、660V、380V,再按"确认"键。整定电流选取同上,电流为5~400A,步长为5。其他项目操作选取方式同上。短路电流倍数为8~12倍,过载常数为1~5。过压保护、欠压保护、漏电保护、启动频繁、启动过长均为可选取"打开"或"关闭"。风电闭锁、瓦斯闭锁为"常开"或"常闭"可选取。当选取保护参数后,最后在保存整定选取保存。如果没有选取保存,则所有修改参数修改无效。保存密码为0000。保存密码时"确认键"为"移位键","上选"、"下选"为数字选择。

(7)时钟设置:用于修改保护器的时钟显示值(该时钟只需保护器在投入运行时修改一次即可),一般出厂时已调好,不必再作调整。

设置系统时间	
2000 年 01 月 01 日	
00:00:00	
确定	取消

(8)累计清零:用于清除记录,可选"执行"或"放弃"。

电度清零	执行
追忆清零	执行
累计清零	执行
返回	

(9)通讯设置:通讯地址为 01 ~ 99 可选,波特率为 1200、4800、9600 可选。密码设置可以修改原始密码,用户不必修改此项。

通讯地址	0
波特率	1200
确定	取消

(10)控制设置:控制项可选单机近控、单机远控、程控近控、程控远控。选取控制模式时,需按下"确认"键,再按一次,然后再按"上选"或"下选"键,选取控制方式。程控近控、程控远控时间可选,用户可根据实际条件进行设置。

控制	程控
程控延时	5s
确定	取消

3. 跳闸试验为合闸以后试验保护器功能是否可靠。

4. 短路试验为分闸状态下试验短路功能是否完好。

5. 漏电试验为分闸状态下试验漏电功能是否完好。

【任务实施】

一、安装

1. 注意:在接线、维修时必须断上级电源;严禁带电检修,严禁带电开盖。

2. 安装前的检查。

(1)检查启动器前门上的控制按钮、观察窗玻璃、电缆引入装置、接线柱等是否完好,若有损坏,应予以修理或更换。

(2)检查各隔爆面有无损伤、锈蚀现象;隔爆间隙、隔爆长度是否符合标准规定。

(3)检查隔离开关操作手柄、门把手是否转动灵活,机械联锁是否可靠。

(4)检查箱体内有无因运输而掉落的零件,导线有无松动和断线现象。

(5)检查启动器各电器元件、保护器、熔断器等是否完好。

(6)检查启动器是否受潮,若受潮,应进行烘干处理。

(7)检查接地装置是否有油漆等接触不良因素,若有,需及时处理。

3. 安装启动器时,其环境条件应符合产品使用要求,安装后外壳应可靠接地。

4. 在井下搬运启动器过程中,应轻起轻放,避免强烈震动,严禁翻滚倒置。

5. 在井下安装启动器后,应检查启动器的进出电缆接线是否可靠,暂不使用的喇叭嘴应按规定进行可靠密封。

二、调整

启动器操作步骤:

1. 核对菜单控制方式是否正确,检查控制变压器电源电压是否相符,并与菜单整定。

2. 隔离开关打在正向或反向的位置。

3. 启动前的保护功能试验,将试验开关 DK 置于相应试验位置,一切试验通过后,DK 开关置位还原到正常挡位。

4. 启动操作按下启动按钮,开关合闸。

5. 停止操作按下停止按钮,开关分闸。

三、使用

1. 启动器出厂时,均按额定电压为 1140V 进行接线和设置,若启动器工作在 660V 电压时,须将启动器内的控制变压器的原绕组 1140V 端子上的连线拆开,改接至 660V 端子上,并将保护器保护整定的额定电压整定为 660V。

2. 启动器内部控制电路的导线均采用耐压为 500V 的 RV 型绝缘导线,其中本质安全型电路的导线为蓝色。使用及维修时,不得随意更换导线的规格及颜色,也不能改变导线的布线。

3. 本安电路外部连接电路的分布电容、电感值均不得超过说明书规定的数值。

4. 要定期检查启动器的隔爆面、隔爆间隙等。发现隔爆结构有损坏时应停止使用,隔爆面要定期涂 204-1 防锈油。

5. 每班运行前,应先对启动器进行检查,确认动作正常、显示正确后,再投入运行。

四、故障分析与处理

当启动器因故障跳闸或不能启动时,应先弄清电路原理,根据故障情况分析原因,然后对启动器可能发生故障的部位进行检查,不可随意拆卸。在维修过程中,对于需要更换的元器件,要选择与之型号、规格和技术参数对应的元器件,不能随意用其他元器件代替,以免影响整机性能。

表 11-6　故障分析与处理

故障	原因	排除
无显示	1. 电源没有加到保护器上 2. 电源没有加到显示板上	1. 检查电源插座 100V 2. 检查变压器输出、输入端子电压，保险管等 3. 检查显示板与保护器之间的插头连接是否良好
显示混乱	显示板连线故障	查线
漏电过流检测无反应	漏电，过流检测回路故障	1. 检查 DK 置位是否正确 2. 查线
合不上闸	保护器和按钮故障	1. 检查保护器的插座是否接触不良 2. 检查 DK 开关置位是否正确 3. 检查吸合线圈供电回路是否为开路 4. 检测按钮是否良好
1. 电压显示不正常 2. 电流显示不正常	1. 变压器二次侧输出故障 2. 电流互感器连线故障 3. 保护器参数整定不正确	1. 检修变压器 2. 查线 3. 正确整定保护器参数（CT 变比）
保护不跳闸	控制回路故障	1. 检查控制回路 2. 更换保护器

五、电气原理图与接线图

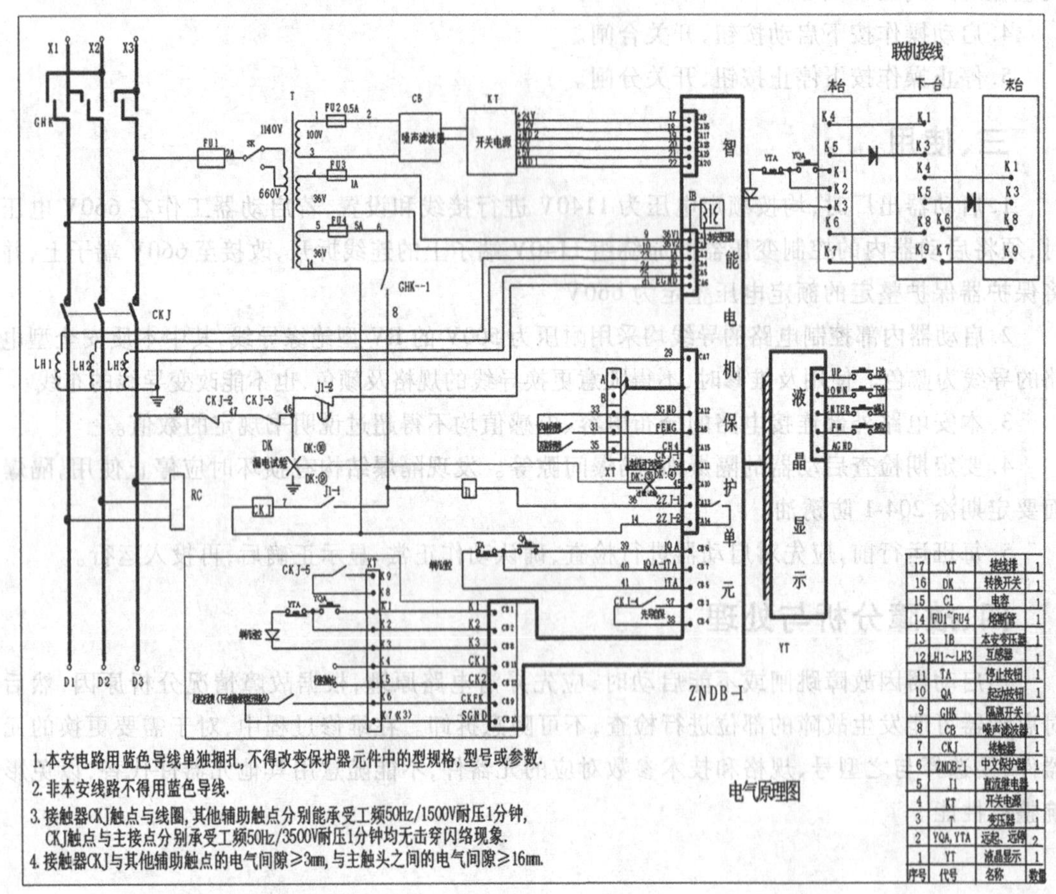

图 11-15　电气原理图

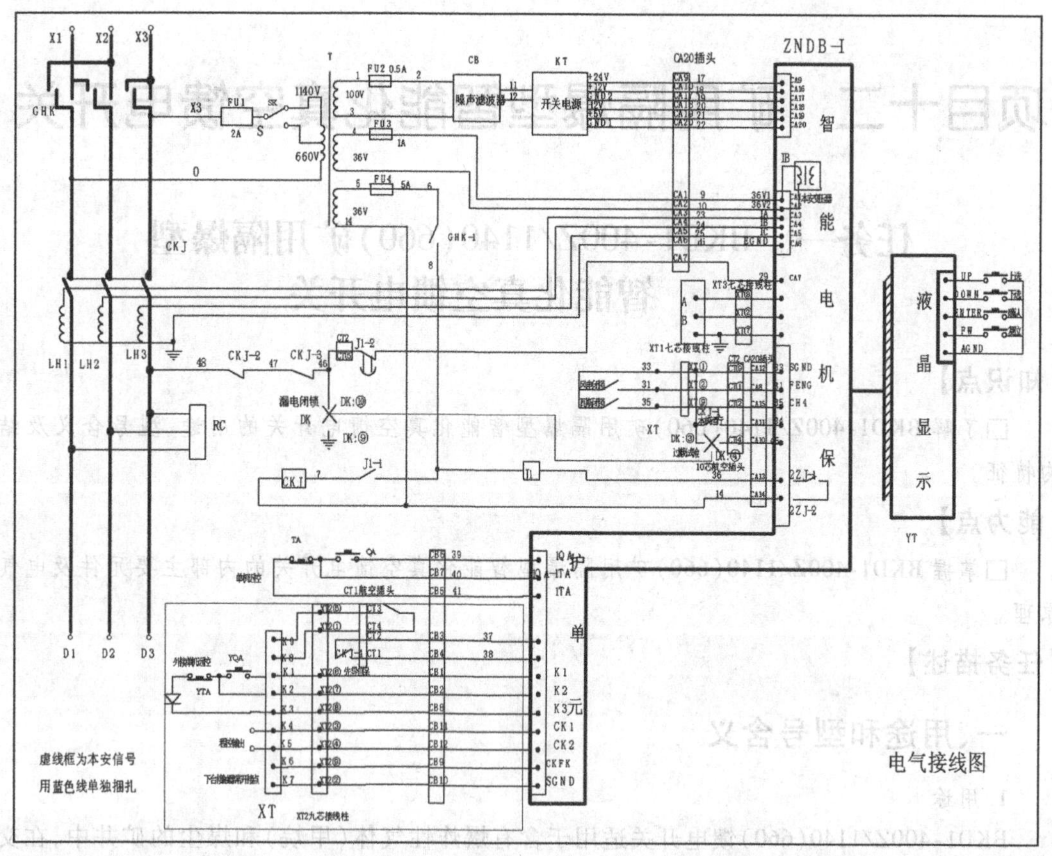

图 11-16　接线图

【思考与练习】

1. 简述 QJZ-400/1140 型真空磁力启动器的用途及型号含义。

2. QJZ-400/1140 型真空磁力启动器的保护有哪些?

3. 如何安装 QJZ-400/1140 型真空磁力启动器?

4. 分析与处理 QJZ-300/1140 型真空磁力启动器的故障。

项目十二　矿用隔爆型智能化真空馈电开关

任务一　BKD1-400Z/1140(660)矿用隔爆型智能化真空馈电开关

【知识点】

□了解 BKD1-400Z/1140(660)矿用隔爆型智能化真空馈电开关的用途、型号含义及结构特征。

【能力点】

□掌握 BKD1-400Z/1140(660)矿用隔爆型智能化真空馈电开关的内部主要元件及电气原理。

【任务描述】

一、用途和型号含义

1. 用途

BKD1-400Z/1140(660)馈电开关适用于含有爆炸性气体(甲烷)和煤尘的矿井中,在交流 50Hz、电压 1140(660)V、额定电流 400A 及以下的线路中,可作配电系统的总开关或分开关,也可用于大容量电动机不频繁启动,具有过载、短路、欠压、漏电闭锁和漏电保护等功能。

2. 型号含义

BKD1-400Z/□:BKD——矿用隔爆型馈电开关;1——设计序号;400——额定电流;Z——智能,真空;□——额定电压。

二、结构特征

1. 馈电开关的隔爆箱外壳由隔爆型主腔和接线腔组成。为了便于移动与安装,隔爆箱下方安装了拖架。

2. 接线腔有 4 个能容纳 $\phi 20$ 的控制回路电缆进出线喇叭口。

3. 主腔由主腔壳体与前门组成。当前门关门,前门与壳体由左右卡快卡着开门时,前门支承在壳体左侧的铰链上。

4. 主腔内中央偏左安装了交流真空断路器,主腔左侧安装了侧板,侧板上有控制变压器、高压熔断器、三相电抗器、阻容吸收 RC、转换开关、小型继电器等。

5. 前门安装板上有保护装置、按钮、开关电源等,6 个按钮分别是上选、下选、确认、复位、合闸、分闸。门前安装一个中文液晶显示观察窗,用于观察馈电开关的运行状态、运行参数、运行时间、故障及参数设置等。

6. 馈电开关具有可靠的机械联锁转换开关与门的联锁，手柄与断路器手动分闸的联锁。

三、工作原理

BKD 矿用隔爆型智能化真空馈电开关电气原理图如图 12-1 所示。

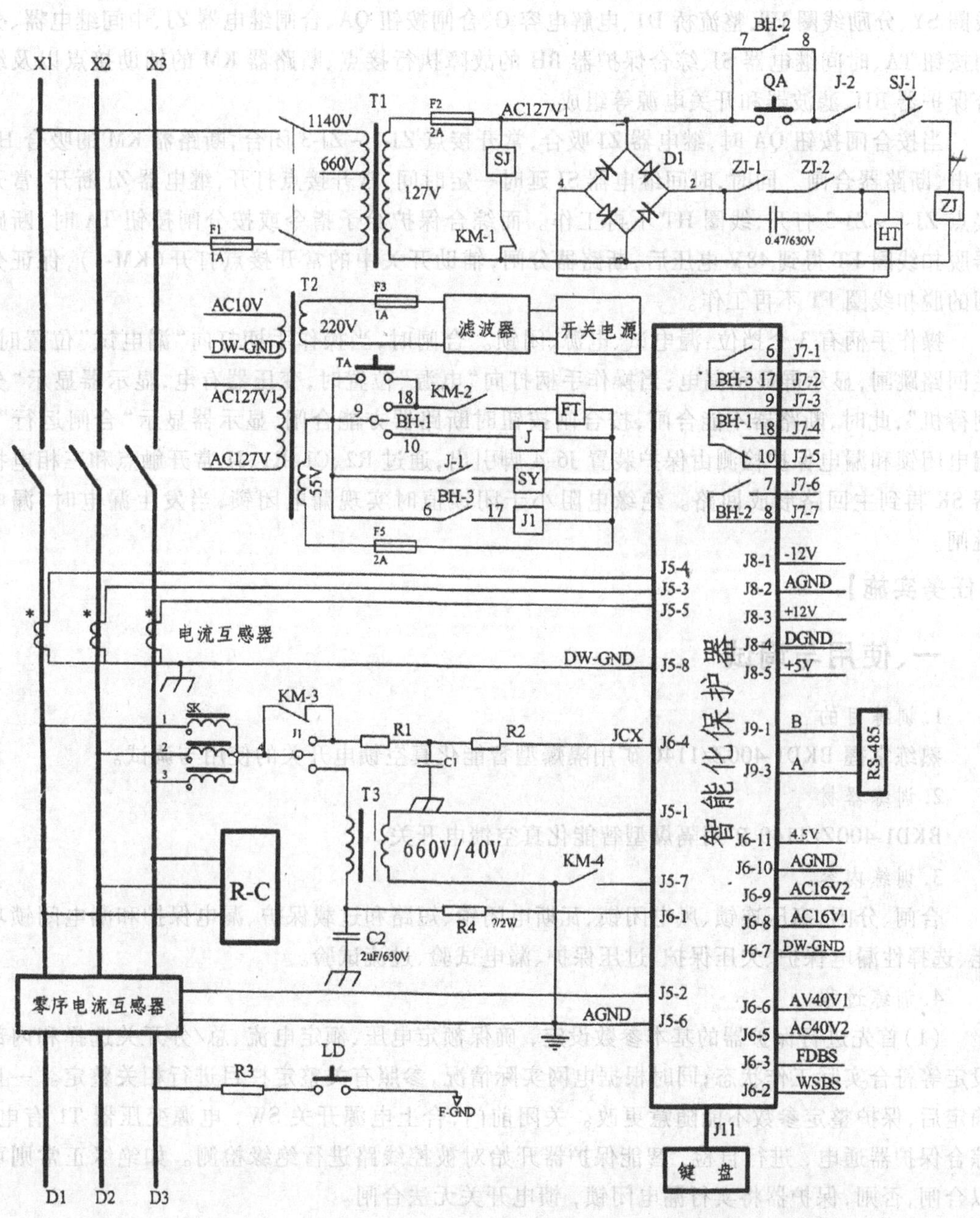

图 12-1　BKD 矿用隔爆型智能化真空馈电开关电气原理图

1. 主回路

主回路自电源侧 X1、X2、X3 开始，接有真空断路器 KM、3 只电流互感器（LA、LB、LC）、三相电抗器 SK、阻容吸收装置 RC、零序电流互感器 LX 和漏电试验电阻 R3，至负载侧 U、V、W 结束。

2. 控制回路

控制回路由千伏级电源开关 SW、熔断器 F1、电源变压器 T1、断路器合闸线圈 HT、欠压线圈 SY、分励线圈 FT、整流桥 D1、电解电容 C、合闸按钮 QA、合闸继电器 ZJ、中间继电器、分闸按钮 TA、时间继电器 SJ、综合保护器 BH 的故障执行接点、断路器 KM 的辅助接点以及综合保护器 BH、滤波器和开关电源等组成。

当按合闸按钮 QA 时，继电器 ZJ 吸合，常开接点 ZJ-1 ~ ZJ-3 闭合，断路器 KM 的吸合 HT 有电，断路器合闸。同时，时间继电器 SJ 延时一定时间，常开接点打开，继电器 ZJ 断开，常开接点 ZJ-1 ~ ZJ-3 打开，线圈 HT 不再工作。而综合保护给予指令或按分闸按钮 TA 时，断路器脱扣线圈 FT 得到 48V 电压后，断路器分闸，辅助开关中的常开接点打开（KM-1），保证分闸的脱扣线圈 FT 不再工作。

操作手柄有 3 个挡位：漏电试、电源、闭锁。合闸时，当操作手柄打向"漏电试"位置时，主回路跳闸，显示屏显示漏电；当操作手柄打向"电源"位置时，变压器有电，显示器显示"分闸待机"，此时，断路器不能合闸，按合闸按钮时断路器方能合闸，显示器显示"合闸运行"。漏电闭锁和漏电保护检测由保护装置 J6-4 脚引出，通过 R2、C1、R1、J1 常开触点和三相电抗器 SK 再到主回路形成回路。绝缘电阻小于闭锁值时实现漏电闭锁，当发生漏电时，漏电跳闸。

【任务实施】

一、使用与调试

1. 训练目的

熟练掌握 BKD1-400Z/1140 矿用隔爆型智能化真空馈电开关的使用与调试。

2. 训练器材

BKD1-400Z/1140 矿用隔爆型智能化真空馈电开关。

3. 训练内容

合闸、分闸、高压连锁、风电闭锁、瓦斯电闭锁、短路和过载保护、漏电保护和漏电闭锁功能、选择性漏电保护、欠压保护、过压保护、漏电试验、过流试验。

4. 训练过程

(1)首先进行保护器的基本参数设定，确保额定电压、额定电流、总/分开关选择和内部设定等符合实际工作状态；同时根据电网实际情况，参照有关整定栏目进行相关整定。一旦确定后，保护整定参数不能随意更改。关闭前门，合上电源开关 SW，电源变压器 T1 有电，综合保护器通电，进行自检，智能保护器开始对被控线路进行绝缘检测。如绝缘正常则可以合闸，否则，保护器将实行漏电闭锁，馈电开关无法合闸。

(2)训练步骤：

①合闸。按下合闸按钮 QA，则继电器 ZJ 吸合，合闸线圈 HT 得电，真空断路器 KM 合闸，主回路接通，时间继电器 SJ 释放，SJ-1 适当延时后打开，合闸线圈 HT 断电。

②分闸。按下分闸按钮 TA，则断路器分励线圈 FT 吸合，断路器 KM 跳闸断电。此外，馈

电开关还配有紧急机械手动分闸按钮(见馈电开关实物),SW 既是电源开关,又是急停按钮。

③风电闭锁。馈电开关设置为风电闭锁时,只有当局部通风机启动以后送来启动信号时,馈电开关方可合闸,否则馈电开关无法合闸。

④瓦斯电闭锁。当馈电开关设置为瓦斯电闭锁且瓦斯超限时,馈电开关跳闸并无法合闸,同时显示屏显示瓦斯闭锁。

⑤短路和过载保护。当被控线路发生短路和过载故障时,保护器 BH 常闭触点断开,欠压脱扣线圈 SY 断电;BH 常开触点闭合,分励线圈 FT 吸合,断路器跳闸断电,同时液晶显示屏显示故障信息。经复位后,馈电开关可重新合闸。

⑥漏电保护和漏电闭锁功能。将保护器设置为总开关,当线路发生漏电故障时,保护器动作,失压线圈 SY 断电,分励线圈 FT 吸合,断路器跳闸断电,同时液晶显示屏显示漏电信息,实现漏电闭锁。当主回路绝缘值上升到规定值时,保护器解除漏电闭锁状态。

⑦选择性漏电保护。将保护器设置为分开关,则保护器实现选择性漏电保护功能。如果某支路发生漏电故障,则该支路开关会跳闸,而其他支路开关和总开关均不会跳闸。

⑧欠压保护。当电源电压降到额定电压的85%时,断路器跳闸断电,同时液晶显示屏显示欠压故障信息。

二、安装

1. 训练目的

掌握 BKD1-400Z/1140 矿用隔爆型智能化真空馈电开关的安装。

2. 训练器材

BKD1-400Z/1140 矿用隔爆型智能化真空馈电开关。

3. 训练内容

检查零件、接地极检查、倾斜角设置、电缆压紧、关门注意事项、定期检查。

4. 训练过程

(1)安装前应检查馈电开关零件及结构是否完整无损,内部接线和电器线路是否正常,有无松动、脱落或绝缘损坏等现象,按钮、手柄运转是否灵活,各种保护组件的性能是否正常。先通电动作几次,确认无误后,方可投入运行。

(2)辅助接地极(DF)与主接地极(DZ)的距离大于5m,并用绝缘导线连接。

(3)馈电开关应垂直安装,倾斜角不大于15°。

(4)电缆的引入应使用压紧螺母或压盘,将密封圈压紧,从而将电缆压紧,以达到隔爆要求。不使用的引入装置应用钢制堵板等零件堵好。

(5)隔爆面应保持清洁,并防止碰伤、划伤。如发现隔爆面有污物,应用酒精擦拭干净并涂抹防锈油。关门时特别注意避免门体切断导线,严禁强行关门。

(6)应定期检查馈电开关,在维护修理时不得用硬器敲打隔爆面及内部元器件,不得随意拆卸更换元器件、控制电器。

(7)应定期对保护装置的工作性能进行检查和试验(如漏电、过流等)。试验时必须严格执行操作规程,开关开盖前必须断电。

三、调试

1. 总开关与分支开关的设置。馈电开关作总开关或单台单独使用时，先在保护器显示屏菜单上进行设置，系统状态为“总开关”；若作分开关使用时，“系统状态”应设置为“分开关”。

2. 在运行屏下按“确认”键进入运行信息屏。

3. 运行信息屏里显示电网电压、负荷电流、有功功率，在分开关时显示屏右下角还显示有零序电压值。

4. 整定屏。系统电压为 1140V 或 660V，整定电流为 20～400A（5A/挡），短路倍数是开关整定值的 3～10 倍，欠压保护打开或关闭系统状态“总开关”和“分开关”，漏电延时可整定为 0、50、100、150、200、250（ms）6 个挡延时跳闸。分布电容是指各支路回路相对地的电容之和，是系统实现选择性漏电的重要依据，同时对选择性漏电的可靠性有较大的影响，应准确整定。使用时可根据变压器二次侧低压供电系统线路的实际情况，确定分布电容的整定值、零序电流整定值，在修改整定内容后，只有进行菜单“保存整定”项，并确认“执行”命令时，本次修改的内容才存入保护并运行，否则返屏后所有修改的整定内容将丢失，原来整定内容不变。

5. “保护试验”屏是本开关的自检信息，使用前应显示完好。

6. 修改设置显示屏只能在分闸状态时才能进入，该屏包含本保护的重要参数，其中数值不得随意更改，否则将影响计算精度。

四、BKD1-400Z/1140(660)真空馈电开关的故障分析与排除

表 12-1　真空馈电开关的故障分析与排除

故障	原因分析	排除方法
电源位时无显示	电源没有加到保护插件上 电源没有加到显示面板上	1. 检查插座 J8 各脚电压 2. 检查变压器输出、输入端电压及熔断器
显示亮度不正常	加到显示板上的负电压不对	调显示板上的电位器
跳闸试验不动作	没有 55V 电源	检查分离线圈回路和 F4 熔断器
按合闸按钮不合闸	SJ、ZT 不吸合	1. 检查合闸线路和保护器 2. 检查 127V 线路 3. 检查整流桥是否损坏 4. F2 熔断器烧坏，更换
电压显示不正常 电流显示不正常	变压器二次测输出故障，电流互感器连线故障	检查变压器，查线
漏电不跳闸	检测回路故障	查保护器

【思考与练习】

1. 说明 BKD1-400Z/1140(660)真空馈电开关的结构组成及作用。

2. 简述 BKD1-400Z/1140(660)真空馈电开关的电气原理及操作方法。

3. 如何对 BKD-400Z/1140(660)真空馈电开关进行安装与维护？

任务二　KBZ20-400/1140 矿用隔爆型智能化真空馈电开关

【知识点】

□了解 KBZ20-400/1140 矿用隔爆型智能化真空馈电开关的用途、型号含义及结构特征。

【能力点】

□掌握 KBZ20-400/1140 矿用隔爆型智能化真空馈电开关的内部主要元件及电气原理。

【任务描述】

一、用途、功能及特点

1. KBZ20-400/1140 矿用隔爆型智能化馈电开关主要用于煤矿和其他周围介质中有煤尘和爆炸性气体的环境，在交流 50Hz、电压 1140(660)V 或 380V、额定电流 400A 及以下的线路中，既可作配电系统的总开关，也可作配电支路首、末端的分开关。

2. 智能保护测控单元全部采用数字化技术，基于嵌入式微处理器技术的 16 位计算机结构，保护、测量、监视、控制、通信功能齐全。

3. 保护功能齐全、灵敏、可靠，保护定值在线连续可调，具备短路、过载、断相、漏电、欠压、过压等保护功能；短路保护倍数精确到小数点位，适应于各种短路电流情况；支持相敏短路保护功能。

4. 具备风电闭锁功能、瓦斯电闭锁功能。

5. 馈电总开关、分开关可组成完善的两级选择性漏电保护系统，自动适应不同长度的电缆线路，自动选择漏电故障，选择性能好。

6. 具有漏电闭锁保护功能，并具有绝缘电阻值在线显示功能。

7. 馈电总开关、分开关的智能保护测控单元互为通用，方便现场使用。

8. 保护测控单元所有输入模拟信号，采用专用的双隔离器件，杜绝电网电压扰动引起的保护测控单元烧损问题，可适用于谐波污染严重的各种井下电网。

9. 具有完善的自诊断功能，可对开关断路器分合闸次数、短路故障次数进行记忆，提高设备利用率。

10. 具有完善的试验功能，可在线进行断路器跳闸、短路保护、漏电保护试验。

11. 内置的高可靠性存储器件可用于保存保护定值与保护器动作及其故障信息，所有数据在掉电时不丢失。

12. 具有开关状态、电流、电压、有功功率、日历时钟的实时显示功能，电度计量功能，故障类型、故障时间及故障参数的记忆查询功能，测量精度高。

13. 全中文大屏幕液晶显示，菜单式操作，显示信息丰富，界面友好；配合人机接口键盘，可实现不停电情况下的保护定值修改及各种操作。

14. 智能保护测控单元采用全密封式设计、工业级外围芯片以及小型专用继电器，抗震、抗电磁干扰能力强。

15. 配有带隔离的本安型 RS485 串行通信接口，支持“四遥”功能，上传信息丰富，便于接入井下电网综合自动化系统。

二、使用环境

1. 海拔高度不超过 2000m；大气压为 80 ~ 110kPa。

2. 环境温度为 -5℃ ~ +40℃。

3. 空气相对湿度不大于 95%（+25℃）。

4. 与垂直面倾斜度不超过 15°。

5. 无明显的振动和冲击。

6. 含有爆炸危险的气体和煤尘的环境中。

7. 无腐蚀金属和破坏绝缘的气体和蒸汽。

8. 无滴水和液体浸入的地方。

9. 污染等级：3 级。

10. 安装类别：Ⅲ类。

三、型号说明

1. 型号含义。

KBZ20-400/1140：KB——矿用隔爆馈电开关；Z——真空式；20——设计序号；400——额定电流（A）；1140——额定电压（V）。

2. 防爆型式：矿用隔爆型。

3. 防爆标志：ExdI。

四、主要技术参数

1. 额定电压：1140V、660（380）V。

2. 额定电流：400A。

3. 断路器的极限分断能力：8000A。

4. 断路器分断时间：不大于 30ms。

5. 大于 5000A 的短路电流：无条件瞬动，切断故障时间小于 60ms。

6. 出线口：主电路 4 个，可穿不大于 ϕ68mm 的橡胶电缆；辅助电路 3 个，可穿不大于 ϕ20mm 的橡胶电缆。

7. 保护测控单元技术参数。

（1）短路保护。短路保护动作倍数分档连续可调，短路整定电流值为开关整定电流的 3.0 ~ 10.0 倍，精度为 ±5%。短路保护动作时间小于 100ms。

（2）过载保护特性。过载保护采用热积累算法原理，还可实现断续过载情况下的过载保护。过载动作时间与理论计算值误差小于 ±500ms，电流计算精度为 ±5%。

表 12-2 过载保护特性

整定电流的过载倍数	动作时间	起始状态
1.05	2h 不动作	冷态
1.2	0.2 ~ 1h	热态
1.5	90 ~ 180s	热态
2.0	45 ~ 90s	热态
4.0	14 ~ 45s	热态
6.0	8 ~ 14s	冷态

(3)漏电闭锁保护。开关在分闸状态、负荷侧绝缘电阻在 40kΩ +20%(1140V)、22kΩ +20%(660V)、7kΩ +20%(380V)闭锁值以下时,能可靠地实现漏电闭锁,并显示"漏电闭锁"和阻值。当绝缘电阻上升到大于解锁值时,则自动解除漏电闭锁。

(4)漏电保护。馈电开关作为总开关时,自动选择基于附加直流电源检测的漏电保护功能,并作为分支馈电开关漏电保护的后备保护。馈电开关作为分开关时,漏电保护具有选择性,自动选择漏电故障支路。漏电延时动作时间在 0 ~ 250ms 范围内可调;为保证漏电保护的纵向选择性功能,应注意馈电总、分开关上下级动作时间的配合。

在运行中,开关负荷侧绝缘电阻在 20kΩ +20%(1140V)、11kΩ +20%(660V)、3.5kΩ +20%(380V)动作值以下时,能可靠地实现选择性漏电保护跳闸,并显示"漏电故障"。

(5)过压保护。当电网进线电压 $Uac > 120\%$ 额定电压时,过压保护动作,动作时间小于 100ms,精度为 ±5%。

(6)欠压保护。当电网进线电压 $Uac < 65\%$ 额定电压时,欠压保护延时 5s 动作,精度为 ±5%。欠压保护可以整定选择"打开"或"关闭"。

(7)风电闭锁。主要用于本开关与局扇开关组成联控。当局扇开关正常工作时,本开关才能正常启动工作;当局扇开关因故跳闸时,本开关就会自动跳闸断电。

根据局扇开关跳闸时的输出接点状态,风电闭锁保护可以选择"常开"或"常闭"作为动作条件。

例如,若选择"常开",则当局扇开关正常运行,其输出接点闭合时,本馈电开关可以正常运行;当局扇开关跳闸,其输出接点断开时,合闸运行的馈电开关立即自动跳闸断电,并显示"风电故障",分闸状态的馈电开关闭锁合闸,并显示"风电闭锁"。

(8)瓦斯闭锁。主要用于本开关与瓦斯断电仪组成联控。当瓦斯断电仪正常工作时,本开关才能正常启动工作;当瓦斯断电仪因故跳闸时,本开关就会自动跳闸断电。

根据瓦斯断电仪跳闸时的输出接点状态,瓦斯闭锁保护可以选择"常开"或"常闭"作为动作条件。其接点定义同"风电闭锁"。

五、开关主要特点

1. 主电路为真空断电,电火花不外露;断路器辅助接点只分合单片机的复位电路及漏电闭锁检测电路的毫安级电流,安全性能好。

2. 回路采用了先进的微处理器及可编程逻辑电路，电路简单、可靠，保护插件为单一插件，且具有参数和状态显示及记忆功能。

3. 保护插件有自检功能，能及时显示故障类型，还设有模拟试验菜单，通过模拟试验和保护插件自检，可方便地检查各部件的完好性和各项功能是否正常，使维修简单方便。

4. 漏电保护动作迅速，能快速实现纵、横向选择性漏电保护，单相 1kΩ 漏电动作时间不大于 30ms；能保证漏电保护 30mA · s 的安全指标要求，显著降低了人身触电的危险性。

5. 隔爆门为国家知识产权局授予专利权的快开门结构。

6. 本开关具有风电、瓦斯电闭锁和无压释放功能，即本开关可受局扇开关和瓦斯断电仪的控制，与其实现联锁。

六、操作说明与整定方法

1. 侧板钮子开关 K 的位置

本馈电开关作总开关或单台单独使用时，先将侧板上的钮子开关 K 打在“总开关”的位置；若作分开关使用时，应打在“分开关”的位置。同时，在菜单整定屏里的“系统状态”也需对应地设置为“总开关”或“分开关”。

2. 操作说明

(1)按键。

复位：按下该键，装置处于复位状态；释放该键，装置从起始位置进入工作状态。

确认：按下该键，执行光标(反白显示)处的操作。

上选：按下该键，可使光标上移，或使反白显示处的参数增加。

下选：按下该键，可使光标下移，或使反白显示处的参数减小。

(2)定值整定方法。

方法一：通过液晶显示与键盘操作进行整定。

方法二：通过 RS485 通信接口由监控计算机进行整定。

本书仅介绍人机对话的液晶操作方法，通信组网时的远程整定方法请参阅其他相关资料。

3. 显示信息与按键操作说明

开关送电后，液晶屏显示如下信息。

智能化馈电开关
分闸待机
2007-04-26
08:00
中国八达电气

其中第 2 行表示状态，根据不同情况可显示：初始化中、分闸待机、合闸运行、整定出错及相关故障信息(短路跳闸、漏电故障、过载跳闸、漏电闭锁、断相跳闸、过压故障、欠压故障、瓦斯闭锁、风电闭锁)；第 3 行显示日历时钟的 X 年 X 月 X 日；第 4 行显示当时具体的 X 时 X 分。

在该显示屏下，按“确认”键时进入如下的“菜单”屏。

(1)“菜单”屏。

菜单
1 运行信息
2 保护试验
3 累计信息
4 故障追忆
5 保护整定
6 装置设置
7 出厂设置
8 返回上屏

第 2 项在分闸待机时显示“保护试验”，在合闸运行时显示“跳闸试验”。

第 7 项“出厂设置”项是为产品出厂调试时使用，用户不必关心此项。

按“上选”、“下选”键，可上下移动菜单并反白显示；按“确认”键执行反白显示菜单项的下级菜单或相应功能，各子菜单显示信息和说明分别如下。

(2)“运行信息”屏。

电网电压	1　14　0V
负荷电流	40　0A
有功功率	4　20　kW
按“确认”键返回	

注意：若开关中电压 Uac 或电流 Ia 相序接错，合闸运行后“有功功率”一直显示为 0。

(3)“保护试验”屏。

短路试验	完好
漏电试验	故障
按“确认”键返回	

(4)“累计信息”屏。

电　　度	×× ×× 度
累计故障	×× ×× 次
短路跳闸	×× ×× 次
按“确认”键返回	

(5)“故障追忆”屏。

前 99 次	07 - 06 - 30
	11:32:25
短路故障	
*U*ac = 1468V	
*I*a = 3260A	*I*c = 3260A
按“确认”键返回	

注:“故障追忆”信息包括短路故障、漏电故障、过载故障、断相跳闸、过压故障、欠压故障、风电闭锁故障、瓦斯闭锁故障及相应的电网故障参数。液晶屏右上角显示故障发生时刻的年、月、日、时、分、秒。

(6)“保护整定”屏。

1	系统电压	1140V
2	整定电流	400A
3	短路倍数	10 倍
4	欠压保护	打开
5	系统状态	总开关
6	漏电延时	0ms
7	风电闭锁	常闭
8	瓦斯闭锁	常闭
9	保存整定	放弃
10	返回上屏	

“保护整定”内容:

①系统电压:电网电压选择,可选“1140V”或“660V”。

②整定电流:过载保护与短路保护的动作定值依据,可调范围为 5 ~ 400A,以 5A 为一个变化间隔递增。

③短路倍数:短路电流/整定电流的比值,在 3.0 ~ 10.0 范围内连续可调,步长为 0.1。

④欠压保护:欠压保护功能选择,可选“打开”或“关闭”。

⑤系统状态:开关在电网中的位置选择,可选“总开关”或“分开关”。注意应与开关侧板上的开关 K 一致。

⑥漏电延时:选择性漏电保护动作延时时间,在 0 ~ 250ms 范围内连续可调。

⑦风电闭锁:可选外控接点为“常开”或“常闭”。

⑧瓦斯闭锁:瓦斯闭锁保护 86#、88#外接常开、常闭接点功能选择,可选外控接点为“常开”或“常闭”。

⑨保存整定:可选“放弃”或“执行”。修改完整定内容后,只有选中“执行”时,本次修改的内容才存入保护单元,否则,返屏后维持原整定内容不变。

(7)“装置设置”屏。“装置设置”屏上可进行整定的内容如下：

1	通信地址	99
2	波特率	4800
3	电度清零	放弃
4	累计清零	放弃
5	追忆清零	放弃
6	时钟设置	
	07-04-26　08:00	
7	返回上屏	

通信地址：本保护单元在通信网络中的地址选择，可选范围为 1 ~ 99。

波特率：本保护单元通信速率选择，可选 1200、2400、4800、9600bps。

电度清零：“电度清零”信息清零选择，可选“放弃”或“执行”。

累计清零：“累计信息”中“累计故障”与“短路跳闸”次数清零选择，可选“放弃”或“执行”。

追忆清零：“故障追忆”信息清零选择，可选“放弃”或“执行”。

时钟设置：日历时钟的校准、修改。

4. 其他操作说明

(1)“保护试验”屏是本开关的自检信息，使用前应显示完好。

(2)“出厂设置”屏只能在分闸状态时才能进入，该屏包含本保护的重要参数，其中数值不得随意更改，否则将影响计算精度。

(3)漏电试验按钮：在开关分闸状态按该按钮，显示漏电闭锁值；在开关合闸状态按该按钮，开关跳闸并显示漏电故障。

(4)短路保护部分支持相敏保护功能，可准确区分启动电流和短路电流。开关合闸后若功率显示值为零或偏小，应改变相序接线至功率显示正常。

七、工作原理

开关整机工作原理如图 12-2 所示。当手柄打至电源位时，时间继电器 SJ 得电常开接点闭合，按下合闸按钮 QA 时，继电器 J3 吸合，常开接点 J3-1 ~ J3-3 闭合，断路器 KM 的吸合线圈 Q1 有电，断路器合闸。同时，时间继电器 SJ 断电，其触点延时一定时间后断开，继电器 J3 断电，常开接点 J3-1 ~ J3-3 打开，线圈 Q1 不再工作。而保护插件给予指令或按分闸按钮 FL 时，断路器脱扣线圈 Q2 得到 55V 电压后，断路器分闸，辅助开关中的常开接点 KM-1 打开，保证分闸后脱扣线圈 Q2 不再工作。

操作手柄有 2 个挡位：闭锁(分闸)、电源。“闭锁”位时，变压器无电；“电源”位时，变压器有电。正常情况下液晶显示器上显示“分闸待机”，此时允许断路器合闸；按下合闸按钮 QA 断路器合闸，显示器显示“合闸运行”。

门板上的 7 个按钮分别为：上选、下选、确认、复位、漏试、分闸和合闸按钮。

漏电闭锁和漏电检测由保护插件的 16 脚引出：

(1)作总开关时通过滤波器、钮子开关 K、三相电抗器 SK 形成回路，绝缘电阻小于闭锁值时实现漏电闭锁。当发生漏电故障时，漏电跳闸动作时间为：经 1kΩ 电阻漏电单台使用时小于等于 30ms,作系统总开关时小于等于 200ms。

(2)作分开关时通过滤波器、断路器常闭接点 KM-2、SK 形成回路,绝缘电阻小于闭锁值时实现漏电闭锁。当发生漏电故障时,漏电跳闸动作时间为:经 1kΩ 电阻漏电小于等于 30ms。

(3)在总开关和多台分开关组成系统时,漏电电阻在 20kΩ(1140V)、11kΩ (660V)、3.5kΩ(380V)动作值以下,能可靠地实现选择性漏电保护和后备保护。

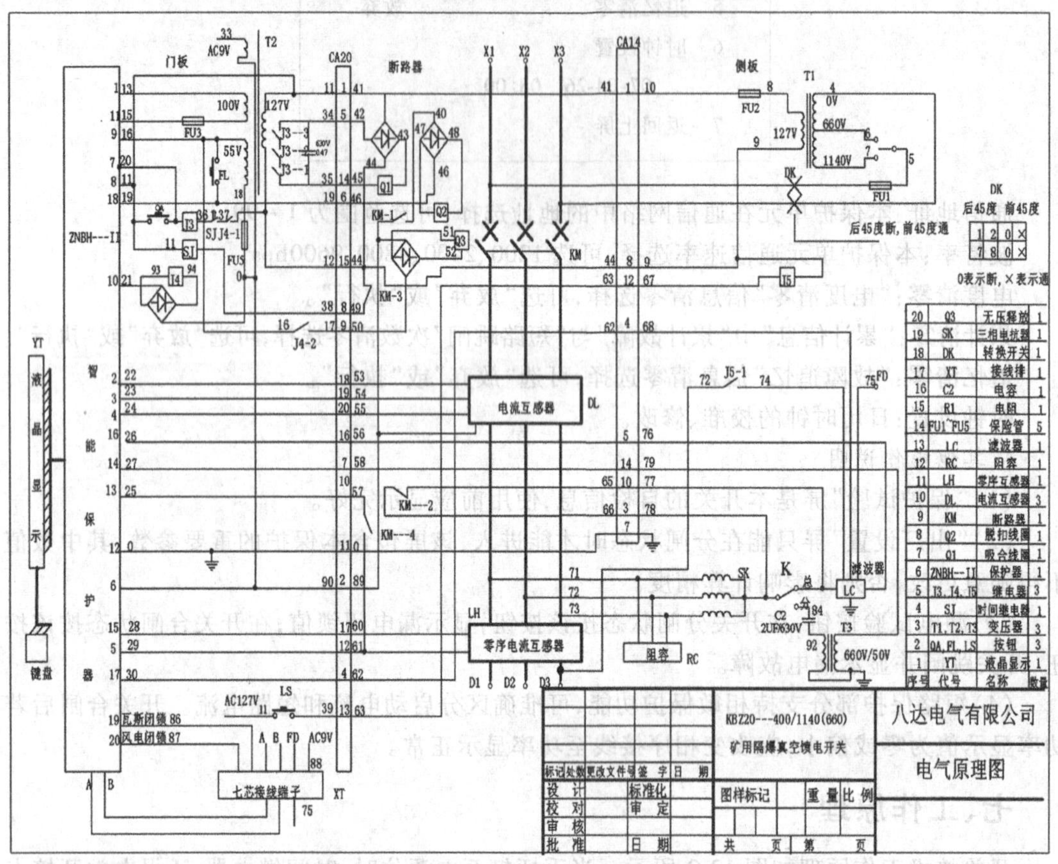

图 12-2 KBZ20-400/1140(660)矿用隔爆型真空馈电开关工作原理

【任务实施】

一、操作步骤

1. 将馈电开关的操作手柄由“闭锁”位打到“电源”位,显示器显示“分闸待机”;按合闸按钮断路器吸合,显示器显示“合闸运行”,按分闸按钮断路器断开。

2. 在分闸状态,若负荷侧与外壳间接入小于漏电闭锁值的电阻,显示器显示“漏电闭锁”和电阻值;若接入大于漏电闭锁值的电阻后,显示器自动复位。

3. 风电和瓦斯电闭锁动作使开关跳闸或闭锁后,只有当风电和瓦斯电闭锁解除后,本开关才能重新启动。

二、安装

1. 安装前应仔细检查连接螺栓等紧固件是否松动,是否有散落的异物。

2. 检查馈电开关的技术参数与使用条件是否相符,并将综合保护器的保护整定屏根据实际工作电流进行整定。

3. 应保证辅助接地线 FD 和主接地线之间距离大于 5m,且接地良好。

4. 当使用总开关与分开关组成配电系统使用时,除了按“整定方法”中的规定将开关分别整定为“总开关”与“分开关”外,应注意一台变压器二次侧系统只能有一台总开关存在,以确保漏电保护动作值的准确性。

5. 应对所有功能按操作方法进行试运行,等一切正常后,方可正式投入运行。

三、维护和故障排除

1. 定期清除污垢、锈斑,检查接线装置、接地装置,防爆面定期涂防锈油,转动轴及时加润滑油。

2. 手柄在“电源”位时,综合保护插件各引脚的电压见表 12-3。

表 12-3 综合保护插件各引脚电压

管脚	1—11	17—16	5—15	14—12	2—12	3—12
电压	AC100V	DC40V	零序电流输入	零序电压输入	A 相电流输入	B 相电流输入
管脚	4—12	19—12	20—12	7—8	9—10—18	5—13
电压	C 相电流输入	瓦斯电闭锁接点	风电闭锁接点	网络遥控合闸出口	控制继电器引脚	开关状态信号

3. 常见故障及排除

表 12-4 常见故障及排除方法

故障	原因	排除
“电源”位时无显示	电源没有加到保护插件上 电源没有加到显示面板上	1. 检查矩形插座 1 脚电压为 100V 2. 检查变压器输出、输入端电压保险管等 3. 将显示板连线插接牢固
跳闸试验不动作	没有 55V 电源	检查分励电路和 FU5 熔断器
按合闸按钮不合闸	J3 不吸合	1. 检查合闸线路和保护器 2. 检查 127V 线路 3. 检查整流桥是否损坏
电压显示不正常 电流显示不正常	变压器二次侧输出故障 电流互感器连线故障	1. 检修变压器 2. 查线
漏电不跳闸	检测回路故障	查保护中滤波板上的相关器件

【思考与练习】

1. 简述 KBZ20-400/1140 真空馈电开关的结构组成及作用。

2. 简述 KBZ20-400/1140 真空馈电开关的电气原理及操作过程。

3. KBZ20-400/1140 真空馈电开关应如何进行安装与维护?

项目十三　矿用隔爆型煤电钻综合保护装置

任务一　ZZ8L矿用隔爆型煤电钻综合保护装置

【知识点】

□了解煤电钻综合保护装置的作用与构造。

□了解矿用隔爆型煤电钻综合保护装置的适用范围、技术特征及结构特征。

□掌握矿用隔爆型煤电钻综合保护装置的内部主要元件及电气原理。

【能力点】

□掌握煤电钻综合保护装置的试验操作及使用方法。

□掌握煤电钻综合保护装置常见故障的处理及维修方法。

【任务描述】

煤电钻是采煤掘进工作面最常用的一种手持电器。由于采煤掘进工作面处于煤矿生产的最前端，环境恶劣，煤电钻又是由工人手持作业，非常容易发生各种事故，从而对煤矿的安全生产和煤矿工人的生命安全构成严重的威胁。

从煤矿安全生产的角度出发，就要在煤电钻的使用过程中，对供电系统的短路从而漏电、过载等故障进行有效的综合保护。在工作之前，对煤电钻进行有效的检测，在工作发生各种故障时，及时迅速地切断煤电钻的电源，使煤电钻不能运转，防止事故的发生，保证采区的安全生产。

【相关知识】

一、结构特征

综合保护装置的隔爆外壳为圆筒形，具有凸出的底和盖。壳盖与壳身采用转盖止口结构，外壳上部有一接线箱，用于引进和引出电缆。外壳右侧装有操作隔离开关的手把和检查短路、漏电保护系统是否有效的试验按钮，并有可靠的机械连锁装置，保证当隔离开关合闸时，壳盖打不开；当壳盖打开时，隔离壳盖不能闭合。壳盖上方有一片透明镜，可以从外面观察状态指示灯及漏电欧姆表：绿灯亮表示运行正常，红灯亮表示127V电网发生漏电故障（图13-1）。

图13-1　煤电钻综合保护装置

二、主要性能

1. 短路保护灵敏可靠,保护距离长,主要保护元件具有自检作用。短路保护采用截频检测与熔断器双重保护,电钻不工作时发生短路,可实现短路闭锁。保护装置工作与否,电路具有自馈作用。

2. 采用先导回路,可在远方开停电,不打钻时电缆不带电,安全可靠。

3. 由电钻变压器、控制开关、短路保护、漏电保护、先导控制回路组成一个综合保护装置,结构简单,使用维护方便。

三、主要元件的作用

1. 隔离开关 QS:在正常情况下作隔离和闭合电源用,不允许带负荷操作。

2. 一次侧熔断器:对变压器作短路保护。

3. 二次侧熔断器 FU:作为 127V 系统短路的后备保护。

4. 热继电器:对电钻进行过载保护。

6. 交流接触器 KM:用于分断或接通电钻的主回路,线圈电压为 127V。

四、适用范围

1. 用途

本装置用于煤矿井下 127V 手持式煤电钻的远方控制,以及短路、过载与漏电保护及电缆绝缘降低危险指示,图 13-1 所示是配有干式变压器的“三合一式”综合装置。

2. 适用条件

(1)海拔高度不超过 1000m。

(2)周围介质温度在 -5℃ ~ +30℃范围内。

(3)周围空气的相对湿度不大于 97% ±2%。

(4)在无强烈颠簸振动以及垂直倾斜角度不超过 15°的地方。

(5)在无腐蚀金属和破坏绝缘的气体与蒸汽的环境中。

(6)可用于有瓦斯和煤尘爆炸危险的矿井中。

(7)电源电压允许波动范围:额定电压的 5% ~10%。

(8)能防止水和液体浸入的地方。

五、技术特征和主要参数

1. 型号:ZZ8L-2.5、ZZ8L-4,主要技术性能:

(1)短路保护灵敏可靠,保护距离长。主要保护元件具有自检作用。短路保护采用载频检测与熔断器双重保护。电钻不工作而发生短路时,可实现短路闭锁。工作时发生短路,可实现动作跳闸,电路具有自锁作用。

(2)漏电保护:电钻不工作时发生漏电可实现漏电闭锁;工作时发生漏电,可实现跳闸,切断电源。

(3)过载保护:可防止电钻因长时间超负荷运转而烧坏。

(4)电缆绝缘降低危险指示:电钻电缆绝缘降低小于 10KΩ ±2KΩ 时给出指示信号。

(5)采用先导回路,可在远方开停电钻,不打钻时电缆不带电,安全可靠。

(6)由电钻变压器、控制开关、短路保护、先导控制回路组成一个综合保护装置,结构简单,使用维护方便。

2. 基本技术参数见表 13-1、表 13-2。

表 13-1 主变压器参数

型号	额定容量(kVA)	额定电压(V)	额定电流(A)	接线方式	绝缘等级	允许温升(℃)
ZZ8L-2.5	2.5	660/380/127	2.2,3.6/10.9	Y-△/△	B	85
ZZ8L-4	4	660/380/127	3.5,5.8/17.4	Y-△/△	B	85

表 13-2 保护性能参数

短路保护		漏电保护			电缆绝缘危险指示	过载保护
保护距离	动作时间	整定值	动作时间	闭锁值		
出厂整定值 0~150m	<0.25s	1.5kΩ(0~3kΩ 可调)	<0.25s	(3±1)kΩ	(10±2)kΩ	1.3 倍(1.1~2 倍可调)

六、电气工作原理

ZZ8L 型综合保护装置的电气线路主要由主回路、控制回路、检测保护回路等部分组成。其电气原理如图 13-2 所示。

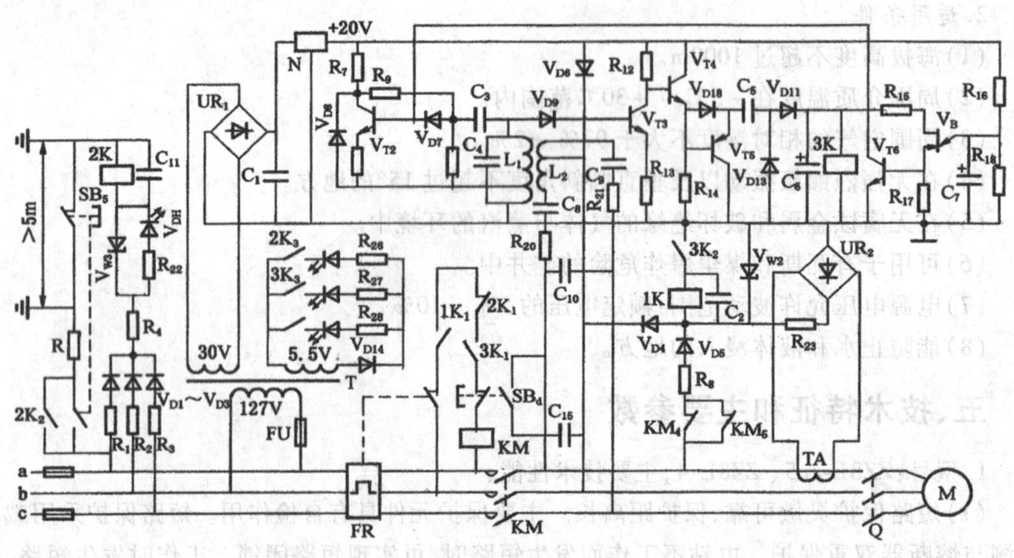

图 13-2 ZZ8L 型综合保护装置电气原理图

1. 控制回路

控制回路由先导电路和执行电路组成。当煤电钻启动时,按下电钻自身的手柄开关 Q,接通以下先导电路:

直流电源 +20V→V_{D6}→b 相→Q→电动机绕组→a 相→KM4(KM5)→R8→V_{D5}→继电器

1K 线圈→触点 3K2→直流电源 0V(20V 直流电源是由三端稳压器 N 稳压后提供的)。

此时继电器 1K 有电吸合,其触点 $1K_1$ 闭合,接通如下执行电路:

127V 电网 a 相→接触器 KM 线圈→按钮 SBd→$3K_1$→$2K_1$→$1K_1$→FR→127V 电网 b 相。

接触器 KM 有电吸合,主触头 KM 闭合,电钻启动。此时常闭触点 KM4(KM5)打开,继电器 1K 由电流互感器 TA 的二次电流经桥 U_{R2} 整流,R_{23} 和 V_{W2} 稳压后维持。

停钻时,手动开关 Q 断开,电动机断电,互感器 TA 无电流输出,继电器 1K 断电,导致接触器 KM 断电,其主触头断开,保证电钻不工作时电缆不带电。

上述先导电路和执行电路中的常开触点 $3K_1$ 是短路保护继电器的触点,电路无短路故障时触点闭合。

电路中的二极管 V_{D6} 和 V_{D4} 分别用于直流 20V 电源和继电器 1K 的维持电源与 127V 交流电网的隔离。

2. 短路保护

短路保护除采用熔断器外,还采用载频检测保护方式。其基本原理是不论电钻是否送电,由振荡电路及相关元件组成的信号源输出 1 个频率为 20kHz 左右的电压信号,分别送至检测电路和三相电网上;利用电网相间短路时,振荡电路因负荷增大而停振的原理,使检测电路做出鉴别,并驱动执行电路和闭锁电路,实现短路保护。

由三极管 V_{T2} 电感元件 L_1 及相关电阻、电容组成电感三点式自激振荡电路,产生 20kHz 的载频信号,经两路输出:一路经 L_2、C_8、C_9、R_{20}、R_{21} 等元件与 127V 三相电网耦合;另一路经 V_{D9} 送至由 V_{T3} - V_{T6} 及单结晶体管 VB 等元件组成的检测闭锁电路。当电网绝缘正常时,网路电阻很高,振荡电路负载很小,振荡回路两端(C_4 两端)输出电压较高,该电压经 V_{T3} 和 V_{T4} 放大后,使继电器 3K 获得足够高的电压而吸合,其常开触点 $3K_1$ 和 $3K_2$ 闭合,允许煤电钻启动;同时,较高的继电器吸合电压也加在单结晶体管 V_B 的基极上,使电容 C_7 上的电压达不到 V_B 的峰点电压而使 V_B 截止,由 V_{T6} 和 V_B 组成的闭锁电路不起作用。

为使继电器 3K 在电路正常时可靠吸合,三极管 V_{T5}、二极管 V_{D13} 和电容 C_5 组成间歇低阻放电回路,以使被放大的振荡电压能连续给电容 C_6 充电。振荡信号的正半周时,V_{T3} 和 V_{T4} 饱和导通,C_5 和 C_6 充电;负半周时,V_{T3} 和 V_{T4} 截止,V_{T5} 导通,C_5 经 V_{T5} 和 V_{D13} 快速放电;下一个正半周时,C_6 又充电,从而保证了继电器 3K 的用电。

当 127V 电网发生短路时,电阻 R_{20} 和 R_{21} 成为振荡器负载,由于其阻值较小,故使振荡器负载增大而停振,槽路输出电压为零,V_B 和 V_{T4} 截止;继电器 3K 断电释放,触点 $3K_1$ 和 $3K_2$ 断开,切断先导回路和接触器回路,达到短路保护的目的。

另外,随着 C_6 电压的降低,单结晶体管的峰点电压也降低。当该电压低于 C_7 上的电压时,V_B 导通,并导致 V_{T6} 饱和,短接了振荡管 V_{T2} 的基极,保证振荡器处于停振状态。这时,即使短路故障排除,振荡器也不会自行起振,从而起到短路闭锁作用。重新启动时,要断开控制电源一次,使 V_B 关断解除闭锁,然后才能送电。

3. 漏电保护

漏电保护采用对 127V 电网电压直接检测的方式,其检测回路为:

127V 电网→R_1→R_3→V_{D1} ~ V_{D3}→R_4→R_{22}→V_{DH}→继电器 2K→大地→电网绝缘电阻→

127V 电网。

当 127V 电网对地绝缘水平较高时，流过 2K 的电流较小，不会使其动作。当电网对地绝缘电阻低于整定值时，上述回路电流增大而使 2K 吸合，其触点 $2K_1$ 断开，切断 KM 回路；$2K_2$ 闭合，使继电器 2K 经试验电阻 R 自锁（自保）。漏电故障排除后，需断开隔离开关 QS 一次，解除自锁后才能重新工作。

电路中的稳压管 V_{W3} 和发光二极管 V_{DH} 组成电缆绝缘监视电路，当绝缘电阻降低到某一定值以下时，V_{DH} 逐渐发亮，其亮度随绝缘电阻的降低而增大。也可将此监视电路换成相应的电流表（欧姆表）来监视绝缘电阻的变化。

七、安装、使用、维修

1. ZZ8L 型综合装置下井使用前需在地面进行检查试验。由于该装置短路保护部分的某些元件参数，在出厂时均按井下网路条件调式整定，故在地面试验时，由于电源及网路参数与井下差别较大，可能出现短路系统误动作情况（即打钻或不打钻时黄灯亮）。为了避免上述原因的误动作，可在电源侧（660V 或 380V）并接一组补偿电容器，每相电容量为 0.47 ~ 1μF，采用三角形连接方式（或加长电缆）。如并接电容器后试验中仍出现打钻时短路保护误动作情况，则应检查线路板插件及机芯。如打钻工作正常，应分别做长电缆 150m 末端短路试验以及漏电试验，保护装置均能正常动作后，方可下井。

2. 综合装置应可靠接地，辅助接地应在主接地点 5m 外处。

3. 综合装置接入网路后应先进行三次短路及漏电动作试验，每次应可靠动作，并给出灯光信号指示。

4. 使用中如出现误动作或按下试验按钮产生拒动时，可更换晶体管线路板插件进行试验。

5. 维修线路插件时，请勿随意拧动磁芯，修复的插件仍需在地面进行各项试验。

6. 设备连续使用时，每班应做一次保护性能动作试验。

7. 装置应进行定期检修。

8. 设备在井下使用时，严禁将接触器三个主要点短接或以机械外力方式使主接点强行闭合，否则将会烧毁线路板插件。

【任务实施】

一、实习步骤

1. 现场讲解综合保护装置的结构特征。

2. 对照实物讲解工作原理及动作过程。

3. 讲解并演示安装和使用方法。

4. 讲解常见故障的分析及排除方法。

二、安全注意事项

1. 实习时注意不要碰伤和损坏防爆面。

2. 保持实习现场的整洁。

3. 停送电一定要在指导老师的监护下操作。

4. 工具材料要摆放整齐、有序，以防混乱丢失。

5. 认真做好测量记录，坚持文明实习。

三、考核项目及评分标准

考核项目	配分	评分标准	得分
元件认识	10 分	每错一处扣 2 分	
接线方法	15 分	每错一处扣 3 分	
原理分析	20 分	每错一处扣 5 分	
操作使用	15 分	每错一处扣 5 分	
故障分析	20 分	每错一处扣 5 分	
故障排除	20 分	每错一处扣 5 分	
文明实习	造成责任事故为不及格		
合计得分			

【思考与练习】

1. 为什么必须使用煤电钻综合保护装置？

2. 煤电钻综合保护装置具有哪些功能？

3. 如何使用煤电钻综合保护装置？

任务二 矿用隔爆型煤电钻变压器综合保护装置

【知识点】

□了解 BZ80-2.5 矿用隔爆型煤电钻变压器综合保护装置的概况、技术特征和结构特征。

【能力点】

□熟悉 BZ80-2.5 矿用隔爆型煤电钻变压器综合保护装置的内部主要元件及电气原理。

【相关知识】

一、概述

1. 特征和用途

BZ80-2.5 矿用隔爆型煤电钻变压器综合保护装置（以下简称“装置”）适用于煤矿井下 127V 照明信号及负载的电源控制，具有短路保护、漏电闭锁、漏电保护、电缆绝缘监视及指示当前工作状态等多种功能，是一种综合性的隔爆型电器设备。该装置结构为“三合一”形式，可以代替现有的 2.5(4.0)kVA 干式变压器及手动开关的多体控制方式。

2. 使用环境条件

(1)海拔高度不超过2000m。

(2)周围介质温度不高于40℃、不低于-20℃。

(3)周围空气的相对湿度不大于95%。

(4)在无强烈震动以及垂直倾斜度不超过15°的地方。

(5)在无足以腐蚀金属和破坏绝缘的气体或蒸汽的环境里。

(6)可用于有甲烷和煤尘爆炸危险的矿井中。

(7)能防止水和液体浸入的地方。

二、主要技术特性

1. 主要性能

(1)可提供煤电钻、照明和信号用的127V电源。

(2)可实现煤电钻远距离停送电,即电钻不运转,电缆不带电。

(3)具有短路、过载和漏电保护功能。

(4)综合装置设有正常运行和漏电故障的显示灯。

(5)具有可靠的机械闭锁装置。

2. 基本技术数据

表 13-3 BZ80-2.5 型综合保护装置技术数据表

主变压器			被控煤电钻功率/kW	漏电电阻动作值/kΩ	漏电动作时间/s
接线方式	额定电流/A	额定电压/V			
Y,y D,y	2.19/10.85 3.79/10.85	660/133 380/133	1.2	1.5~3	<0.25 在kΩ时

三、结构特征

综合保护装置由隔爆外壳、主变压器和控制保护器三部分组成。

1. 隔爆外壳

综合保护装置的隔爆外壳为圆筒形,具有凸出的底和盖。壳盖与壳身的配合采用转盖止口结构。外壳上部设有接线箱,箱上的5个引线口分别作为电源进出线、负荷出线及辅助接地线之用。外壳右侧装有隔爆开关操作手柄和漏电保护试验按钮,并且开关操作手柄与壳盖之间具有可靠的机械闭锁装置,保证当隔离开关闭合时壳盖打不开,当壳盖打开时,隔离开关不能闭合。壳盖上方设有观察窗,窗内绿灯亮,表示正常运行;红灯亮,表示127V电网发生漏电故障。

整机结构采用"三合一"形式,即外壳、变压器、控制保护器三合一。

2. 主变压器

主变压器容量为2.5kVA,长方外形,质量为36kg,其上部设有接线变换装置。变压器的变比误差不大于±0.5%,效率大于94%,阻抗压降为4%,空载电流小于14%。当变压器工作在不同等级的电网时,其接线如图13-3所示。

3.控制保护器

为了便于维修，磁力启动器为抽架式结构。抽架上装有以下主要部件：

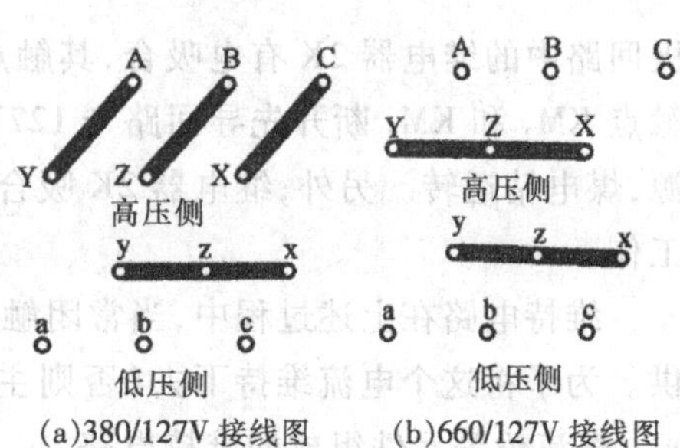

(a)380/127V 接线图　(b)660/127V 接线图

图 13-3　主变压器接线图

(1)隔离开关 QS，用于隔离电源。

(2)一次侧熔断器 1FU，规格为 RL1-60/15 型，作为主变压器的短路保护。

(3)接触器 KM，线圈额定电压为交流 36V，用于闭合和分断电力回路。

(4)二次侧熔断器 2FU，规格为 RM1-60/15，用于煤电钻回路系统中的短路保护。

(5)热继电器 FR，规格为 JRO-20/3 型，热元件的额定电流可调范围为 10～16A，作煤电钻的过载保护。

(6)单相电抗器 L_0，作为漏电保护用的零序电抗器，其直流电阻值为 120Ω。

(7)三相电抗器 L_s，用于连通直流检测回路。

(8)印刷电路板为插件式，外壳用有机玻璃闭封。

(9)控制变压器 TC，提供控制回路及检测回路的电源。

(10)电流互感器 TA，为煤电钻控制电路中的持续元件。

四、工作原理

本保护装置由主电路、控制电路、保护电路等部分组成，具有漏电闭锁、漏电保护、短路保护等功能。

1.主电路

主电路由隔离开关 QS、熔断器 1FU 和 2FU、主变压器、交流接触器主触头 KM、热继电器 FR 组成。隔离开关闭合后，主变压器、综合保护电路带电。当煤电钻手柄开关 Q 闭合后，通过控制线路使接触器 KM 有电，触头 KM 闭合，电钻有电运转。

2.控制电路

控制电路由先导电路、维持电路和操作执行电路三部分组成。先导电路由 27V 交流电源、V_{D9}～V_{D12} 整流桥、三极管 V_{T3}、继电器 3K、电阻 R_7 和 R_8、电容 C_7 等组成，通过煤电钻手柄开关 Q 进行远距离操作。

当按压手柄开关 Q 时，三极管 V_{T3} 基极电流有如下回路：

V_{D9}～V_{D12} 整流桥正极→接触器常闭触点 KM_3→U 相电网→Q→电动机绕组→W 相电网→常闭触点 KM_2→常闭触点 $1K_3$→常闭触点 $3K_3$→R_7→R_8→三极管 V_{T3} 的 b→e→V_{D9}～VD_{12} 整流桥。

负极三极管 V_{T3} 因此而导通，使 3K 有电吸合，其触点动作情况如下：

(1)常开触点 $3K_2$ 闭合，构成先导回路供电的直流通路（这时 V_{T3} 基极电流不在主电路）。

(2)常闭触点 $3K_3$ 打开，V_{T3} 的基极电流由 C_7 的充电电流维持。

(3)常开触点 $3K_1$ 闭合，接通由射极耦合触发器组成的执行电路电源。

根据电路设计要求，这时的三极管 V_{T2} 首先饱和导通，并促使三极管 V_{T1} 截止，则 V_{T2} 集电极回路中的继电器 2K 有电吸合,其触点 $2K_1$ 接通接触器线圈回路;接触器有电闭合,其常闭触点 KM_2 和 KM_3 断开先导回路与 127V 电网的联系,然后,其常开触头闭合,接通主回路电源,煤电钻运转。另外,继电器 2K 吸合后,其触点 $2K_2$ 闭合,绿色信号灯亮,表示煤电钻正常工作。

维持电路在上述过程中,当常闭触点 $3K_3$ 被打开后,V_{T3} 的基极电流由 C_7 的充电电流提供。为了将这个电流维持下去(否则主电路将断电),电路设置了由电流互感器 TA、V_{D13} ~ V_{D16} 整流桥等元件组成的维持电路。

在主电路接通后,电流互感器二次侧将有感应电流输出,该电流通过 V_{D13} ~ V_{D16} 整流,经 R_8 便可向 V_{T3} 提供基极电流,以保证主电路不断电。

煤电钻停止时,松开手柄开关 Q,切断主回路电流,则电流互感器副边无电流输出三极管 V_{T3} 因失去基极电流而截止。这时,继电器 3K 断电,其触点 $3K_2$ 断开先导电路直流电源;触点 $3K_3$ 闭合,使电容 C_7 短接放电,为下次电钻启动做准备;触点 $3K_1$ 切断执行回路电源,使继电器 2K 断电,其触点 $2K_2$ 打开,绿色信号灯熄灭,触点 $2K_1$ 使接触器 KM 线圈回路断电;接触器主触头 KM_1 打开,以保证电钻不工作时电缆不带电,同时闭合其辅助触头 KM_2 和 KM_3,以备下次启动。

为了防止先导回路通过三相电抗器 L_s 构成通路引起的误动作,电路设置了二极管 V_{D24} ~ V_{D26}。

3. 保护电路

本装置对电路的过载和短路采用了简单的热继电器和熔断器保护方式,但对 127V 线路的漏电故障设置了专用的漏电保护和漏电闭锁电路。

(1)漏电保护。漏电保护由检测电源(交流 22V 绕组)、整流桥(V_{D1} ~ V_{D4})、漏电取样电路(电位器 RP 和二极管 V_{D17})、信号输入电路(电阻 R_1 和稳压管 V_w)、V_{T1} 和 V_{T2} 射极耦合触发电路及继电器 1K 和 2K 等部分组成。当合上隔离开关 QS 时,便有直流电流流经以下漏电检测回路:V_{D1} ~ V_{D4} 整流桥正极→RP→V_{D17}→开关隔爆外壳→大地→电网对地绝缘电阻→三相电网→V_{D24} ~ V_{D26}→L_s→L_0→V_{D1} ~ V_{D4} 整流桥负极。

在正常情况下,若电网对地绝缘电阻大于整定值或未发生漏电和人身触电故障时,由于测电流很小,电位器 RP 上的压降不足以使稳压管导通,故对射极耦合触发电路无影响,V_{T1} 截止,V_{T2} 饱和。当电网绝缘电阻低于整定值或发生漏电、人身触电时,上述回路中检测电流增大,将在电位器 RP 上产生较高的压降,促使稳压管反向导通,提高了 V_{T1} 的基极电位,使射极触发器迅速翻转,导致 1K 有电吸合,2K 断电释放。继电器 2K 断电后,通过其触点 $2K_1$ 断开接触器 KM 线圈回路,使开关跳闸,切断主电路,以达到漏电保护的目的;同时,其触点 $2K_2$ 打开,熄灭了显示正常工作的绿色指示灯 GN。

继电器 1K 吸合后,其触点 $1K_2$ 接通红色信号灯,指示电网发生漏电,其保护装置动作;触点 $1K_3$ 切断先导回路,以防 3K 再被送电;触点 $1K_1$ 闭合,使本继电器自保,同时通过触点 $1K_1$ 将 V_{D5} ~ V_{D8} 整流桥负电压经 R_4 加在 V_{T2} 基极,闭锁了三极管 V_{T2},从而保证了电钻不能再启动,实现了漏电自锁。这时,即使漏电故障排除,也送不上电。欲恢复送电,需要将隔离开关 QS 分合一次,使继电器 1K 断电后,方能解除自保送电。

由于检测电路在隔离开关 QS 闭合时就有检测电流流过电网,故可对电网进行预测。如果在电钻没有工作前电网就发生漏电,较大的检测电流中一部分已经在 V_{T1} 的基极中流过,因此,只要手柄开关 Q 闭合,先导电路首先使继电器 3K 动作,其触点 3K 接通触发器电源,V_{T1} 迅速饱和导通;继电器 1K 有电吸合,并通过其触点 $1K_1$ 自保,从而阻止了 V_{T2} 的导通,导致接触器 KM 不能合闸送电,实现了漏电闭锁。

(2)漏电保护的试验及整定。为了检查漏电保护系统工作是否正常,在电钻手柄开关闭合后,可按下试验按钮,人为造成电网一相经 1.5kΩ 试验电阻接地。于是,综合保护器应立即跳闸,以此检查漏电保护的完好情况。

五、安装与调试

1. 安装前应检查设备的完好性和随机附件的完整性。若产品出现损坏、脱落和受潮现象,需经处理方可安装使用。

2. 主变压器接线方式:出厂时主变压器均按 1140/133V 方式接线;如果用在 660V 网络工作时,需将主变压器撤出外壳进行接线。

3. 电缆的连接按接线盒中各相应端子进行连线,其中 L_1、L_2、L_3 为入线端子,U、V、W 为出线端子。接线前用 500V 兆欧表测量高低压侧绝缘电阻,应大于 5MΩ。

4. 照明综保装置在安装时主接地和辅助接地必须接地良好,间距大于 5m。

5. 本综保装置在安装使用前,应先在地面进行漏电闭锁和漏电保护动作试验。试验方法如下:

(1)漏电闭锁试验:合上隔离开关后,按下 TA 按钮,漏电闭锁灯应亮,放开后恢复正常。

(2)漏电试验:合上隔离开关后,先按住 QA 按钮,然后再按下 TA 按钮,漏电指示灯亮,放开后,漏电指示灯继续点亮,只有当断开开关之后,漏电指示灯方可熄灭。

六、使用和维护

1. 使用前,应对本装置的连线和相关设置进行全面检查,确保正确无误后,方可送电。

2. 综保装置接入网络后,应先进行漏电闭锁、漏电保护及保护动作试验,每次均应可靠动作,并给出灯光信号指示。

3. 本装置使用过程中,应严格按照操作规程进行操作。

4. 本装置连续使用中,每班应进行一次保护性能试验。

5. 定期对装置进行检修,检修时要注意不得损伤隔离爆面,开盖前,应先切断电源。

七、安全保护装置及事故处理

1. 本综合保护装置的防爆性能完全符合 GB38361-2000 和 GB38362-2000 标准的要求,操作高低压的手柄具有可靠的机械连锁作用,保证人身安全。

2. 在检修和安装过程中严禁损伤隔爆面。

3. 本综合保护装置出现故障后,应先关掉隔离开关,确保无电后,再打开盖子进行检查,查明造成保护的原因,并且彻底排除故障。然后进行漏电闭锁、漏电及短路保护试验,一切正常后方可继续投入使用。

注意:严禁带电开盖和查找故障。

八、附图

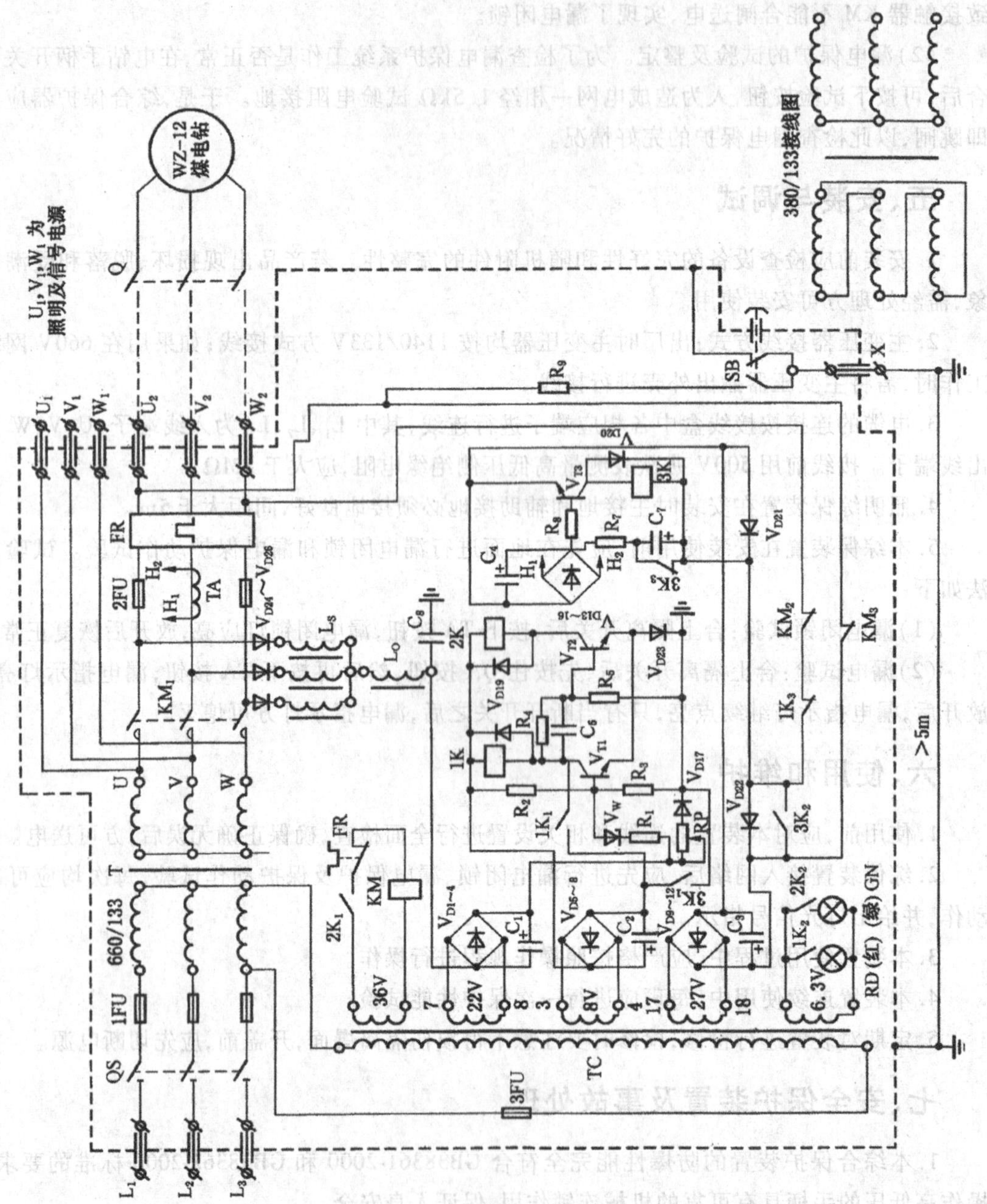

图 13-4 矿用隔爆型煤电钻变压器综合保护装置电路图

【思考与练习】

1. ZBZB80-2.5 矿用隔爆型煤电钻变压器综合保护装置主要元器件的作用。

2. 简述 ZB80-2.5 矿用隔爆型煤电钻变压器综合保护装置的工作原理。

项目十四　接地与接零保护的安装、使用、维护和检修

【知识点】

□了解工作接地、保护接地、保护接零和重复接地的作用。

□了解煤矿井下保护接地网的组成。

【能力点】

□掌握煤矿井下保护接地网的安装、使用、维护和检修方法。

【任务描述】

电气设备或线路的一部分与大地间良好的电气连接非常重要，与供电系统的正常工作、安全运行和减轻意外电气事故造成的危害程度都有很大的关系。

【任务分析】

本任务通过不同供电系统对供电方式的具体要求和煤矿企业特殊环境对供电的基本要求，引出工作接地、保护接地、防雷接地、防静电接地和重复接地等接地类型，进一步分析了各类型接地的特点和作用。为了保证保护接地装置发挥良好作用，安装、维护和维修就显得非常重要。

【相关知识】

电气系统的任何部分与大地间作良好的电气连接，叫作接地。用来直接与土壤接触并存在一定流散电阻的一个或多个金属导体组，称为接地体或接地极。电气设备接地部分与接地体连接用的金属导体，称为接地线。接地体与接地线称为接地装置。

接地体与土壤接触时，二者之间的电阻及土壤的电阻，称为流散电阻。而接地线电阻、接地体电阻及流散电阻之和，称为接地电阻。其中，接地体电阻、接地线电阻很小，可以忽略不计，故可以认为接地电阻等于流散电阻。

接地按其目的和作用分为工作接地、保护接地、防雷接地、防静电接地、重复接地等。

一、工作接地

为了确保电力系统中电气设备在任何情况下都能安全、可靠地运行，要求系统中某一点必须用导体与接地体相连，称为工作接地。如电源中性点的直接接地或经消弧线圈的接地、绝缘监视装置和漏电保护装置的接地等都属于工作接地。

二、保护接地

电气设备的金属外壳在绝缘损坏时有可能带电。在中性点不接地系统中，为防止这种

漏电危及人身安全，将电气设备的金属外壳通过接地装置与大地连接称为保护接地。如图 14-1 所示。

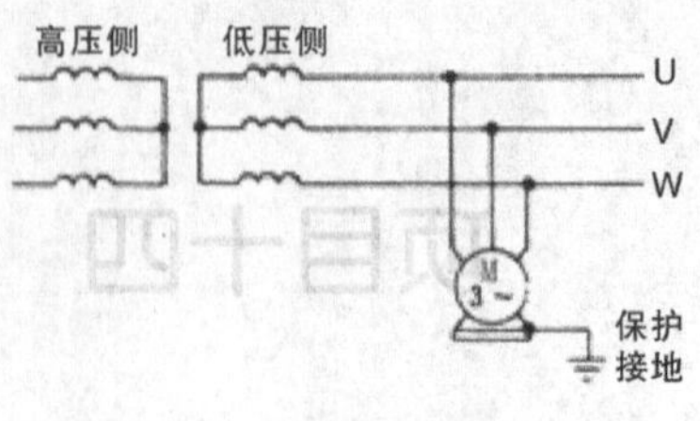

图 14-1　保护接地示意图

(一)保护接地的类型和作用

根据电源中性点对地绝缘状态的不同，保护接地分为 TT 系统和 IT 系统 2 种。

1. TT 系统

在中性点直接接地的系统中，将电气设备正常情况下不带电的金属外壳，通过与系统接地装置无关的独立接地体直接接地。

当设备发生单相碰壳接地故障时，由于接触不良而导致故障电流较小，不足以使过电流保护装置动作，此时如果人体触及设备外壳，则故障电流就要全部通过人体，造成触电事故。当采用 TT 系统后，设备与大地接触良好，发生故障时的单相短路电流较大，足以使过电流保护装置动作，迅速切除故障设备，大大地减少触电危险。即使在故障未切除时人体触及设备外壳，由于人体电阻远大于接地电阻，因此通过人体的电流较小，触电的危险性也不大。

但是，如果 TT 系统中的设备只是因绝缘不良而漏电，那么由于漏电电流较小而不足以使过电流保护装置动作，从而使漏电设备长期带电，增加了触电的危险。所以，TT 系统应考虑加装灵敏的触电保护装置(如漏电保护器)，以保障人身安全。

2. IT 系统

在中性点不接地的三相三线制供电系统中，将电气设备在正常情况下不带电的外露金属部分直接接地。矿井井下全部使用这种接地系统。系统中没有装设保护接地时，如图 14-2(a) 所示，当电气设备某相的绝缘损坏时外壳就带电，同时由于线路与大地存在绝缘电阻 r 和对地电容，若人体此时触及设备外壳，则电流就全部通过人体而构成通路，从而造成触电危险。当装设接地装置时，如图 14-2(b) 所示，如因绝缘损坏而外壳带电，接地电流将同时沿接地装置和人体两条通路流入大地。

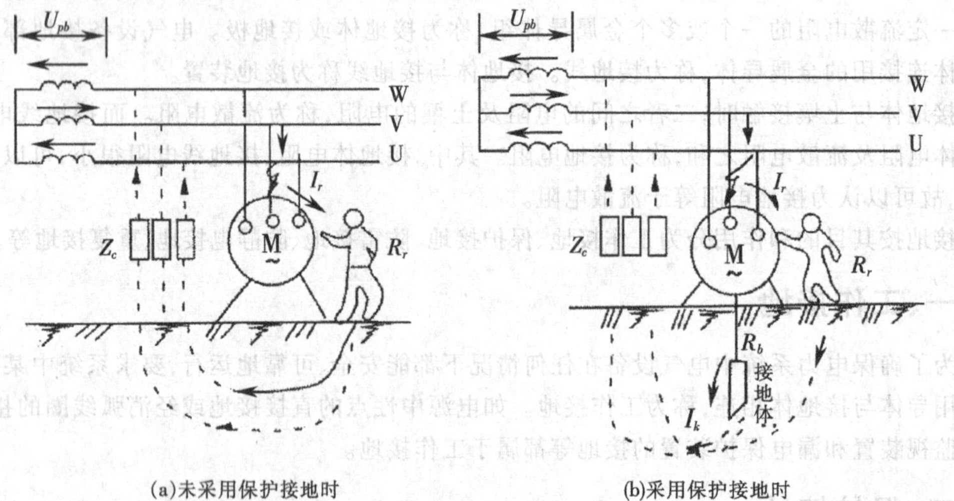

(a)未采用保护接地时　　(b)采用保护接地时

图 14-2　中性点不接地系统的保护接地原理

有了保护接地,人体触及带电外壳时,接地电流将同时经过人体和接地装置流入大地。由于接地装置的分流作用,使流过人身的电流大大减小。流过人体的电流为

$$I_n = \frac{R_{jd}}{R_n} I_{jd}$$

式中　I_n、R_n——通过人体的电流和人体电阻;

I_{jd}、R_{jd}——通过接地装置的电流及接地电阻。

由上式可见,接地电阻 R_n 越小,流过人体的电流也就越小。为使流过人体的电流在安全值以下,必须将接地电阻限制在一定范围之内。《煤矿安全规程》规定,井下接地装置的总接地电阻不得大于2Ω。

(二)保护接地系统

为了降低保护接地装置的接地电阻,提高其可靠性,地面及矿井下都应设置保护接地系统。

1. 地面保护接地系统

接地体分为自然接地体和人工接地体。设计保护接地装置时,应首先考虑利用自然接地体,如地下金属管道(输送燃料管道除外)、建筑物金属结构和埋在土壤中的铠装电缆的金属外皮等。如果采用自然接地体的接地电阻不满足要求或附近没有可使用的自然接地体时,应敷设人工接地体。

人工接地体通常采用垂直打入地中的管道、圆钢或角钢以及埋入土壤中的钢带。考虑到埋于地下的接地体会逐渐腐蚀,规定钢接地体的最小尺寸如表14-1所示。

表14-1　钢接地体最小尺寸

材料名称	建筑物内	户外	地下
圆钢直径/mm	5	6	8
扁钢截面/mm^2	24	48	48
厚/mm	3	4	4
角钢厚/mm	2	2.5	4
钢管壁厚/mm	2.5	2.5	3.5

垂直埋入地中的接地体一般长2~3m,为防止冬季土壤表面冻结和夏季水分的蒸发而引起接地电阻的变化,接地体上端与地面应有0.5~1m的距离。若采用扁钢作为主要接地体,其敷设深度一般不小于0.8m。埋入地中的接地体的上端与连接钢带焊接起来,就构成了一个良好的接地系统。

2. 井下保护接地网

井下各种电气设备虽然都装了单独接地体,但当人体触及带电外壳时,并不能消除触电的危险。为避免不同电气设备的不同相线同时碰到设备外壳所带来的危险,就必须采取共同接地线,不同相线同时接地时会在共同接地线上形成较大的短路电流,使短路保护可靠动作、切断电源。

煤矿井下保护接地系统由主接地极、局部接地极(即单独接地体)、接地母线、辅助接地

母线、接地导线和连接导线组成。煤矿井下的共同接地线是利用铠装电缆的金属钢带和橡套电缆的接地芯线，把井下所有接地装置和移动设备的外壳连接起来后，再与水仓中的主接地极相连，构成井下总接地网。如图 14-3 所示。

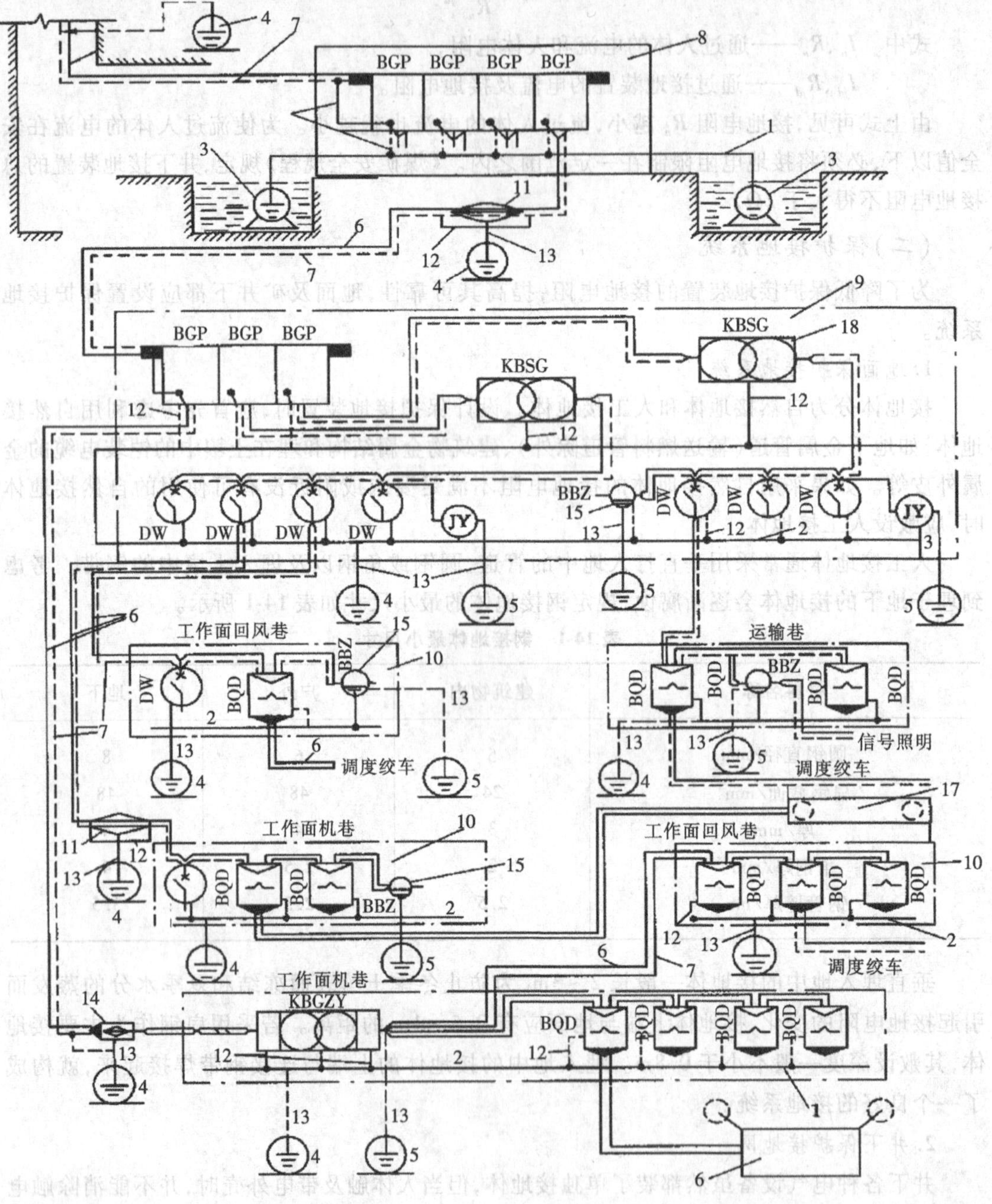

1—接地母线；2—辅助接地母线；3—主接地极；4—局部接地极；5—漏电保护辅助接地极；6—电缆；7—电缆接地层（线）；8—中央变电所；9—采区变电所；10—配电点；11—电缆接线盒；12—连接导线；13—接地导线；14—电缆连接器；15—煤电钻综合保护装置；16—采煤机；17—运输机

图 14-3　井下保护接地网

主接地极装设在井底车场的水仓中。主接地极在主、副水仓中应各设一个,以保证在清理水仓或检修接地极时,有一个主接地极仍起接地作用。主接地极一般采用面积不小于 $0.75m^2$、厚度不小于5mm的钢板制成。

除主接地极外,其他接线用于保护接地的接地极称为局部接地极。为了保护接地系统的可靠性和降低接地电阻,在电气设备集中的地方还必须装设局部接地极。

局部接地极可用面积不小于 $0.75m^2$、厚度不小于3mm的钢板放在巷道的水沟中。在无水沟的地方,局部接地极可用直径不小于35mm、长度不小于1.5m的镀锌钢管垂直打入潮湿的地中。此时为降低接地电阻,钢管上要钻直径不小于5mm的透孔20个以上。

井下需要装设局部接地极的地点有:每个装有固定设备的硐室、单独的高压配电装置、采区变电所、配电点、连接动力铠装电缆的接线盒、采煤工作面的机巷、回风巷以及掘进工作面等。

连接主接地极的母线称为接地母线。其他接线地点的接地母线称为辅助接地母线。接地极和电气设备外壳通过接地导线和连接导线接在接地母线上。各种接地母线、接地导线和连接导线应采用镀锌扁钢、镀锌钢铰线或裸导线,其截面应不小于规定的最小截面。

利用铠装电缆的金属外皮和非铠装电缆的接地芯线作为系统的接地线,将井下各处的接地装置连接起来,从而构成了井下的保护接地系统。

三、保护接零

地面低压电网为了获得380/220V 2种电压,采用三相四线制供电系统,其电源中性点采用直接接地的运行方式。直接接地的中性点称为零点,由零点引出的导线称为零线。

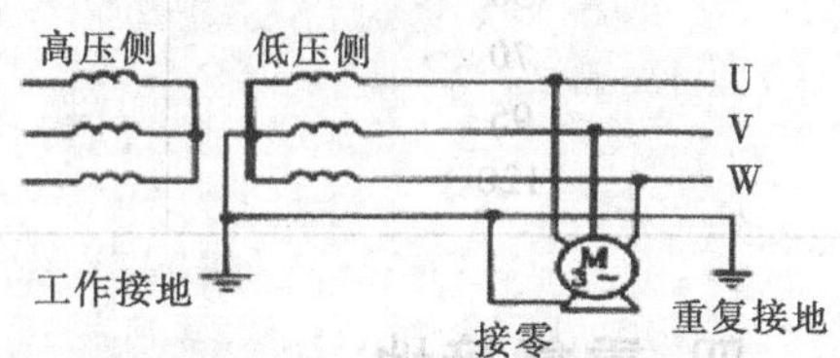

图14-4　保护接零电气原理图

保护接零系统属于TN(TN-C)系统,就是将电气设备正常情况下不带电的外露金属部分与电网的零线作电气连接,如图14-4所示。

当电气设备发生一相碰壳时,则通过设备外壳造成相线对零线的金属性单相短路,使线路中的过流保护装置迅速动作,切断故障电路,减少触电的几率。如果在电源被切断之前恰有人触及该带电外壳,则利用保护接零的分流作用,减少了人身触电电流,降低了接触电压,使人身触电的危险性得以减小。

保护接零与保护接地相比,其最大的优越性就是能使保护装置迅速动作,快速切断电源,从而克服了保护接地的局限性。接零系统必须注意以下问题:

(1)保护接零只能用在中性点直接接地系统中,否则当发生单相接地故障时,由于设备外壳与地接触不良,不能使保护装置动作,此时当人触及任意接零的设备外壳时,故障电流将通过人体和设备流回零线,危及人身的安全。

(2)在接零系统中不能一些设备接零而另一些设备接地,这种情况属于在同一供电系统中,混合使用TN方式和TT方式。如前所述,在TT方式下,当接地设备发生单相碰壳时,线路的保护装置可能不会动作,使设备外壳带有110V的危险对地电压,此时零线上的对地电压也会升高到110V,这将使所有接零设备的外壳全部带有110V的对地电压,这样人只要接触到系统中的任一设备,都会有触电的危险。

(3)在保护接零系统中,电源中性点必须接地良好,其接地电阻不得超过4Ω。

(4)为迅速切除线路故障,电网任何一点发生单相短路时,短路电流应不小于其保护熔体额定电流的4倍,或不小于自动开关过电流保护装置动作电流的1.5倍。

(5)为了保证零线不致断线和有足够的单相短路电流,要求零线材料应与相线相同,零线的截面应不小于表14-2所列数值。

表14-2　零线允许的最小截面　单位:mm^2

相　线	零　线	
	在钢管、多芯导线、电缆中	架空线、户内、户外明线
1.5	1.5	
2.5	2.5	
4	4	4
6	6	6
10	10	10
16	16	16
25	16	25
35	16	35
50	25	50
70	35	50
95	50	50
120	70	70

四、重复接地

在三相四线制供电系统中,将零线上的一处或多处通过接地装置与大地再次连接的措施称为重复接地,如图14-5所示。

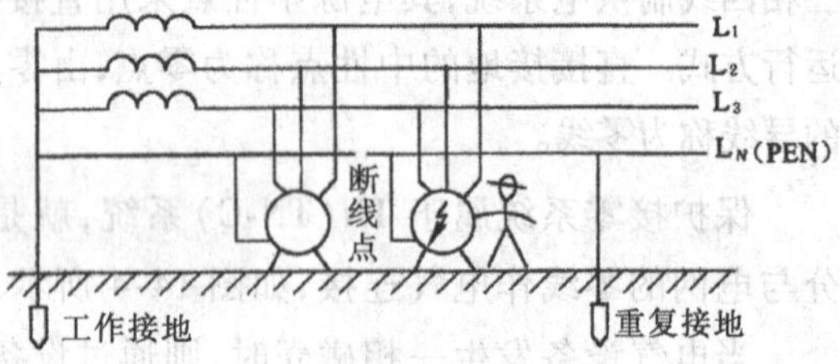

图14-5　重复接地电气原理图

保护接零系统中,当零线断线,断线点负荷侧的设备发生单相碰壳时,其外壳的对地电压为电网的相电压(设外壳与地的接触电阻为无穷大),此时当人触及该外壳时,会有绝对危险。

重复接地不仅可降低零线断线时的危险性,在零线完好时也可以降低碰壳设备的对地电压;还能增大碰壳短路时的短路电流,以缩短线路保护装置的动作时间;还可以降低正常时零线上的电压损失。由此可见,在保护接零系统(TN系统)中重复接地是不可缺少的。

为了提高保护接零系统的安全性能,应按以下要求进行可靠的重复接地:在架空线路的干线和分支线的终端及沿线每1km处,零线都要进行重复接地;架空线的零线进出户内时,在进户处和出户处的零线都应进行重复接地;户内的零线应与配电盘、控制盘的接地装置相连;每一处重复接地装置的接地电阻均不得大于10Ω。

零线的重复接地装置应充分利用自然接地体,以节约投资。但是,重复接地只起到平衡电压的作用,一旦零线断线,当断点后电动机的外壳带电时,人触及到还是危险的。故三相四线制的零线不允许装设开关或熔断器,应尽量避免零线断线。

【任务实施】

一、维护井下保护接地系统

1. 对于井下有电气设备的硐室，值班人员在交接班时，必须对保护接地进行一次表面检查；无值班人员的硐室或其他设备的保护接地，应由维护人员每周至少进行一次表面检查。表面检查的重点是观察整个接地网的连接情况，对于接触不良或严重锈蚀的接地线，应及时处理，以避免接地电阻值的增大。

2. 对于水仓和水沟里的主接地极或局部接地极，每年至少要提出来详细检查一次。检查两块主接地极时，应注意一个检查、一个工作，不能同时提出，以免影响安全。如矿井水的酸性较大时，应适当增加检查次数，对锈蚀严重的接地极要及时更换。

3. 对于管状接地极，应经常灌注盐水来降低其接地电阻值，以保持其良好的导电状态。

4. 在电气设备每次安装、检修或迁移后，要详细检查接地装置的完善情况。尤其是对那些震动性较大或经常移动的电气设备，必须随时加强检查；如发现接地装置有损坏，应立即处理；对接地装置未修复的电气设备禁止送电。

二、接地电阻的定期检测

井下保护接地系统的接地电阻必须定期测量。井下总接地网接地电阻的测定，一般每季度进行一次。对新安装的接地装置，在投入运行前，也要进行接地电阻的测定，并将测量结果记录下来，以备检查。

在有瓦斯和煤尘爆炸危险的矿井内进行接地电阻测量时，应采用安全火花型测量仪表，否则，只准在瓦斯浓度低于1%的地点使用；同时，还要由机电技术员制定安全技术措施，并报矿总工程师审批。

根据《煤矿安全规程》的规定：接地网上任意保护接地点测得的接地电阻值，不得超过2Ω；每一移动式或手持电气设备同接地网之间的保护接地用的电缆芯线的电阻值，都不得超过1Ω。

三、保护接地系统的修复

井下保护接地系统的接地电阻在设计时一般不进行计算，只需按规程规定的接地装置的规格设计，即可满足接地电阻的要求。当接地电阻不能满足要求时，亦可采用降阻措施使其符合要求。

【思考与练习】

1. 说明地面接地和接零保护装置的组成和保护原理。

2. 说出井下接地保护装置的作用、结构、组成和保护原理。

3. 如何测量接地电阻值？

4. 如何安装、维护和检修地面接地与接零保护装置？

5. 如何制作、安装井下接地保护装置？

4. 如何安装、维护和检修煤矿井下接地与漏电保护装置？

主要参考文献

[1] 王红俭,王会森.煤矿电工学[M].北京:煤炭工业出版社,2011.

[2] 梁南丁.煤矿供电[M].徐州:中国矿业大学出版社,2009.

[3] 宋健雄.低压电气设备运行与维修[M].北京:高等教育出版社,1997.

[4] 陈小虎.工厂供电技术[M].北京:高等教育出版社,2001.

[5] 佟浚澄,张学成,訾贵昌,伍斌.矿山供电[M].徐州:中国矿业大学出版社,1995.

[6] 李景恩.矿井供电[M].北京:煤炭工业出版社,1996.

[7] 张奎荣,刘震,张玲.煤矿电工学[M].北京:煤炭工业出版社,2002.

[8] 中国煤炭教育协会职业教育教材编审委员会.煤矿供电技术[M]. 北京:煤炭工业出版社 2007.

[9] 国家安全生产监督管理总局.国家煤炭安全生产监督局煤炭安全规程[M].北京:煤炭工业出版社,2011.